本书得到国家社科基金重大项目（22&ZD108），浙江省重点研发计划项目（2022C03154，2022C03030），中央高校基本科研业务费专项资金，浙江大学文科精品力作出版资助计划和Mitigate+低排放食物系统研究项目资助。

碳标签制度的探索与展望

方 恺 等著

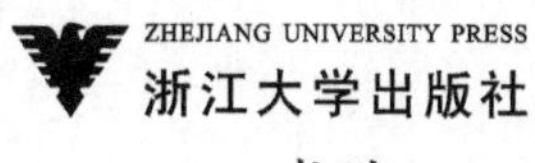

·杭州·

图书在版编目（CIP）数据

碳标签制度的探索与展望 / 方恺等著. —杭州：浙江大学出版社，2023.6
ISBN 978-7-308-23077-3

Ⅰ. ①碳… Ⅱ. ①方… Ⅲ. ①二氧化碳—排气—标签—研究 Ⅳ. ①X511

中国版本图书馆 CIP 数据核字（2022）第 174871 号

碳标签制度的探索与展望
方　恺　等著

责任编辑　钱济平　余健波
责任校对　陈　欣
封面设计　周　灵
出版发行　浙江大学出版社
（杭州市天目山路 148 号　邮政编码 310007）
（网址：http://www.zjupress.com）
排　　版　杭州好友排版工作室
印　　刷　广东虎彩云印刷有限公司绍兴分公司
开　　本　710mm×1000mm　1/16
印　　张　14.25
字　　数　211 千
版 印 次　2023 年 6 月第 1 版　2023 年 6 月第 1 次印刷
书　　号　ISBN 978-7-308-23077-3
定　　价　68.00 元

序　言

人类社会面临全球变暖的严峻挑战，如何应对气候变化已成为当今最受关注的议题之一。2020 年 9 月，习近平主席在第七十五届联合国大会一般性辩论上提出，中国将提高国家自主贡献力度，采取更加有力的政策和措施，二氧化碳排放力争于 2030 年前达到峰值，努力争取 2060 年前实现碳中和。碳达峰碳中和目标的提出，展现了我国积极参与并引领气候治理的大国担当。

碳达峰碳中和目标的实现离不开广泛而深刻的经济社会系统性变革。随着公众环保意识的增强，世界各国积极探索通过实用的低碳产品标准来促进温室气体减排。2006 年，英国通过碳信托公司推行"碳减量标签"，成为世界范围内第一个引入碳标签体系的国家。随后，美国、日本、德国等国相继在碳标签制度设计和实践方面取得了突破性进展。目前，中国在碳标签方面的研究与应用相对滞后，迫切需要加快探索构建适合中国国情的碳标签制度，以促进经济社会绿色低碳发展。

浙江大学公共管理学院长聘教授方恺博士及其团队所著的《碳标签制度的探索与展望》一书，面向碳达峰碳中和这一国家战略目标，深入探讨国内外的低碳实践，通过实地访谈、问卷调查、计量研究、制度分析等方法，剖析了我国碳标签制度推行过程中的机遇与挑战，进而提出有针对性的政策措施。本书的创新性贡献主要体现在以下几个方面。

第一，本书从理论上为碳标签制度研究提供了多元共治的分析框架。通过分析总结发达国家碳标签制度运行的先进经验与不足之处，结合国内代表性地区和企业开展的低碳实践，从比较分析的视角为碳标签制度在我国真正落地提供了大量可资借鉴的案例素材，并从政府、企业、公众间的互动关系出发，将三大主体融入同一制度分析框架中，可为我国政府制定碳标签相关政策提供思路和依据。

第二，本书从方法上为碳标签制度实践提供了分析模型和政策工具。通过消费者的态度和偏好分析，揭示了特定消费群体对不同类型碳标签产品的支付意愿差异，有助于弥补消费者碳标签产品支付意愿定量研究的缺失，可为企业研发碳标签产品提供重要的参考信息。本书生动勾勒出碳标签制度的应用场景，推动政府将碳标签作为新的减排政策工具，形成“消费者偏好—企业生产—节能减排”的良性传导机制，以释放碳标签制度蕴含的巨大减排潜力。

第三，本书为我国解决碳关税问题提供了应对思路。欧洲议会近期正式通过了欧盟碳边境调节机制议案，拟对建材、钢铁等碳排放密集产品征税，届时将对我国大宗出口商品产生明显冲击。本书吸取国外发达国家推行碳标签制度的有益经验，提出探索制定既符合本国国情，又与国际标准相衔接的国内标准，推动建立具有权威性、科学性和体系化的碳标签制度，为我国应对碳边境调节机制提供解决方案。

总之，本书案例丰富、论证严密、内容翔实，具有较高的科学性和可读性，研究结论兼具理论与现实意义，对推动我国碳标签制度的建立和碳达峰碳中和目标的实现具有重要的政策启示，同时可为世界各国推行碳标签制度、探寻绿色低碳发展路径提供决策参考。

我长期从事能源与环境领域减污降碳等方面的科研工作，与方恺保持密切的学术交流与合作。方恺是能源政策与环境管理领域杰出的青年学者，在碳足迹、碳标签、碳市场等方面研究颇丰。本书凝聚了方恺及其团队过去几年间关于碳标签制度的研究心血，为推动我国碳中和转型治理提供了新的理论和分析工具，能够为相关专业研究者、管理者和决策者提供诸多可资借鉴的观点。在此郑重推荐本书，衷心期待方恺在今后的科学研究中取得更大的成绩。

高　翔

（作者系中国工程院院士、浙江大学能源工程学院院长、浙江大学碳中和研究院院长）

前　言

自工业化以来，地球气候进入快速升温期，全球平均温度上升了约1.09摄氏度。气候变化导致海平面持续上升，热浪、强降水、干旱和热带气旋等极端事件频发。据监测，全球15个气候临界点中已有9个被激活，国际社会面临严峻挑战，应对气候变化日益成为共识。2015年，近200个缔约方在联合国气候变化框架公约第21次缔约方会议上签署了具有法律约束力的《巴黎协定》，在全球气候治理进程中具有里程碑意义。《巴黎协定》明确提出将21世纪全球平均温升控制在2摄氏度以内，并为控制在1.5摄氏度以内而努力，同时鼓励各方制定自主贡献目标，旨在充分发挥各方减排的能动性，更好体现"共同但有区别的责任"原则。

2020年，受新冠疫情影响，全球碳排放量一改以往持续走高的趋势，下降约7%，但这仅相当于将全球温升幅度降低了0.01摄氏度。此后，全球碳排放量反弹，2022年全球碳排放量增至368亿吨，创下历史最高水平。后疫情时代的气候治理存在更多的不确定性，要实现《巴黎协定》承诺的温控目标任重而道远。

随着公众应对气候变化的意识逐渐增强，低碳消费方式的减排潜力不容小觑。各国政府正积极探索开发实用的产品标准来减少碳排放，"碳标签"应运而生。碳标签是指将产品全生命周期的碳足迹用量化标签的形式标示出来，进而引导消费者选购低碳产品。碳标签研究在国际上方兴未艾，国内学术界以往对此议题关注较少，而随着欧洲议会正式通过碳边境调节机制法案，必将对我国部分出口行业产生明显冲击，碳标签作为应对欧盟碳边境调节机制的有力工具，对其进行深入系统的探究就显得尤为必要。

碳足迹是碳标签制度设计的基础。我从15年前首次接触到碳足迹的概念开始，便致力于该领域的学术研究。博士期间有幸得到"碳足迹之父"汤米·魏德曼(Tommy Wiedmann)教授的指点并合作至今。2019年，受浙江省政府的委托，我牵头开展了碳标签的调查研究，相关成果获得了省领导和主管部门的充分肯定。本书即是对过去四年该领域研究的一次总结和提炼。在书中，我们试图从政府、企业和公众三重视角入手，梳理碳标签制度最新研究进展，总结国内外碳标签制度实践经验，剖析推动性因素和限制性因素，提出建立我国碳标签制度的对策建议，为加快构建碳标签认证体系、推动全社会绿色低碳转型提供理论依据和智力支持。

全书由方恺统筹撰写并负责定稿，由李程琳、毛梦圆参与撰写、校对和统稿。其中，第6章由朱弘鼎、施皓宇、郑骁、吴圣滨、张晨旭、柴鑫鹏、盛政浩、曾宏伟、谢豪、吴泽辉、邓雨、陈丹、陈羽莹等提供调研材料；第7章由徐晨、董宇嫣、侯歆钰、席柏阳、虞潇、韩金滢、余姝蓉、董文霞、胡明泽、史清清、裘瑾、张洁、袁泽熙、张小甜、陈静等提供调研材料；第8章由李娜提供调查数据。感谢浙江大学高翔院士在百忙之中审读文稿并为本书作序，高院士严谨认真的治学态度激励着我们青年研究者不断前行。此外，感谢为本书撰写提供了前沿理论和资料支撑的国内外参考文献的作者。

碳标签制度的建立和完善并非一蹴而就，需要理论与实践融合共进。笔者自知所获信息不全，能力有限，谬误当在所难免，恳请国内外专家学者不吝赐教。

方　恺

2023年5月于浙江大学紫金港

目　录

第1章　引　言

本章主要阐述碳标签的研究背景、意义和方法。首先，梳理总结全球气候变化现状及其影响，厘清应对气候变化的进程及我国减排目标。其次，论述减少二氧化碳排放的严峻任务已迫在眉睫，亟须借由碳标签制度来激发公众的减排潜力，助推我国顺利完成碳达峰碳中和目标（以下简称“双碳”目标），实现低碳经济的成功转型。最后，介绍本书所用研究方法，主要分为文献计量法、文献归纳法、实地访谈法、问卷调查法及计量研究法。

1.1　研究背景

气候变化已成为世界各国共同面临的生存与发展难题，如何应对气候变化也逐渐成为全球治理的重要议题。联合国政府间气候变化专门委员会（Intergovernmental Panel on Climate Change，以下简称 IPCC）第六次评估报告指出，2011—2020 年，全球地表温度比 1850—1900 年高出 1.1 摄氏度，陆地温度上升更为明显，为 1.59 摄氏度（IPCC，2022）。联合国世界气象组织发表的年度评估报告指出，2019 年全球平均气温相较工业革命前高出1.1摄氏度，2010 年以来的 10 年成为史上最热的 10 年。气温的急剧上升导致全球范围内的冰川消融、冻土层退化。2018 年，新西兰维多利亚大学气候专家经研究发现，过去 25 年间南极融化了 3 万亿吨冰，其中一半是近 5 年内融化的，且融化速度增长了 3 倍。由全球变暖导致的冰川消融将会引发海平面上升、生物多样性遭到破坏等自然生态问题，接踵而至的是对人类社会产生的深刻影响，如海岛城市消失、淡水资源匮乏、病毒威胁等后果。

自工业化以来，人类对煤、石油和天然气等不可再生能源的粗放式利用带来了社会经济的发展与繁荣，也导致了过量温室气体排放和能源资源逐渐枯竭等严重后果。越来越多的科学证据证明，人类活动会直接导致气候变化(IPCC，2018)。二氧化碳的排放是引发温室效应的首要因素(UNDP，2007)。人类社会中的化石燃料燃烧、交通运输、植被砍伐、土地破坏等活动均会产生大量二氧化碳。据粗略计算，近200年中，空气中二氧化碳含量每增加25%，近地面温度就增加0.5～2摄氏度；若增加100%，近地面温度可能增加1.5～6摄氏度。而持续的温室气体排放又将引致极端天气频发、食物和水资源短缺、经济发展阻滞和人体健康受损等多重风险(Mora et al.，2018)。因此，若不进行有效的二氧化碳排放控制，许多国家将遭到严重的气候变化损害(Schleussner et al.，2016)。

国际社会在减少全球温室气体排放上作出了长期不懈的努力。联合国于1988年成立IPCC，开启全球各国参与应对气候变化国际谈判的先河。1992年，《联合国气候变化框架公约》(United Nations Framework Convention on Climate Change，以下简称UNFCCC)经联合国环境与发展大会批准通过，在全球应对气候变化谈判中多次取得重要结果。1997年，UNFCCC第3次缔约方大会通过《京都议定书》，明确欧盟、美国、日本、加拿大等国家和地区在1990年基础上整体减排5%。2009年，哥本哈根世界气候大会通过了《哥本哈根协议》，该协议强调“共同但有区别的责任”原则，即要求发达国家率先承担强制减排承诺，并向发展中国家提供资金支持、技术转让和能力建设支持(王小钢，2010)，但遗憾的是，《哥本哈根协议》并未成为具有法律约束力的文件。2015年，UNFCCC第21次缔约方大会通过《巴黎协定》，明确将21世纪全球平均温升控制在2摄氏度以内，并为控制在1.5摄氏度以内而努力；尽快实现全球温室气体排放达峰;21 世纪下半叶实现温室气体净零排放。《巴黎协定》鼓励各国根据国情制定国家自主贡献目标(INDCs),开创了自下而上的减排责任承担机制,有助于发挥各国自主减排的能动性,更好地体现了“共同但有区别的责任”原则。目前,全球近 200 个国家和地区已签署《巴黎协定》,许多国家纷纷提出本国的 INDCs,中国也不例外。2015 年,中国向联合国提交 INDCs,明确中国的减排目标:二氧化碳排放量在 2030 年左右达到峰值并争取尽早达峰;单位国内生产总值(GDP)的二氧化碳排放较 2005 年下降 60%~65%;非化石能源占一次能源消费比重达到 20%左右;森林蓄积量较 2005 年增加 45 亿立方米。2020 年,习近平主席在第七十五届联合国大会一般性辩论上提出,中国将提高国家自主贡献力度,采取更加有力的政策和措施,二氧化碳排放力争于 2030 年前达到峰值,努力争取 2060 年前实现碳中和。此后,在联合国生物多样性峰会、第三届巴黎和平论坛、金砖国家领导人第十二次会晤和二十国集团领导人利雅得峰会等多个国际场合,习近平主席均重申了中国实现“双碳”目标的信心和决心。2021 年 9 月 22 日,中共中央、国务院印发《关于完整准确全面贯彻新发展理念做好碳达峰碳中和工作的意见》;10 月 26 日,国务院印发《2030 年前碳达峰行动方案》,一些地区和行业也相继出台了“双碳”行动方案,“双碳”目标正在逐步转化为具体行动。

然而,艰巨的减排目标能否达成,取决于各国能否制定出可行且有效的减排策略。由此,在气候变化背景下有效控制碳排放强度与排放总量,推进低碳经济转型成为各国实现自身可持续发展的重要突破口。从节能减排的途径来看,能源供应端和能源消费端均蕴含巨大的减排潜力。一方面,能源供应端能够通过提高能源利用率、发展非化石能源等方式实现减排。例如,提高风能、太阳能、水能和生物质能等能源的开发率与渗透率,逐步降低对化石燃料能源的消耗,进而降低二氧化碳的排放量。另一方面,能源消费端则可通过技术改进、结构调整和公众消费方式转变等途径实现减排。从各国的实践经验来看,低碳技术改进和优化能源消费结构是实现节能减排的关键，但通过公众低碳化消费方式实现减排的潜力也不容小觑。随着公众对气候变化和碳排放危害的认识的增强，各国政府正在积极考虑如何开发一种实用且有意义的标准来减少温室气体排放（Lee，2016）。

正是在这一过程中，碳标签（carbon label）应运而生。碳标签概念的兴起与“碳足迹”[①]密不可分，因此其定义也与碳足迹息息相关。英国碳信托公司给碳标签下了“可以反映出该产品正在致力于减少碳足迹的标志”这样一个定义。我国学者胡莹菲等（2010）认为碳标签是指为了缓解气候变化，减少温室气体的排放，推广低碳排放技术，把商品在生产、供应和消耗整个生命周期过程中的温室气体排放量（也即碳足迹）在产品标签上用量化的指数标示出来，以标签的形式告知消费者产品的碳信息。可以发现，温室气体排放量（碳足迹）、量化和标签指示是构成碳标签概念的三个关键词。因此，碳标签是将商品在生产或服务过程中所产生的温室气体排放量或碳足迹用量化标签的形式标示出来，使消费者知悉所购商品的碳排放信息。

从本质上来讲，碳标签是一种“对产品的碳使用效率进行合格评定的证明性标志”（邢冀，2009），在向消费者提供更多知情选择机会（Loureiro and Lotade，2005）的同时助推企业更多生产低碳产品。碳标签往往不是强制性的，而是依靠向消费者提供商品碳排放信息这一路径帮助消费者选购低碳产品，鼓励企业进行低碳生产。研究显示，从供应链的角度来看，供应商参与碳减排投资后的利益大于仅有制造商投资碳减排的情形，且供应商与制造商共同参与碳减排投资时的碳排放量也少于仅有制造商

---

① “碳足迹”一般指产品或服务在其生命周期内直接和间接的温室气体排放，但在其核算的系统边界和所包含的温室气体种类方面，不同学者有不同的看法。如 Wiedmann and Minx（2007）认为，碳足迹是产品或服务在生命周期内的二氧化碳排放量；Hertwich and Peters（2009）认为碳足迹是最终消费及其生产过程产生的所有温室气体排放量；Peters（2010）则认为应当将土地利用、地表反射率等因素考虑在内，主张碳足迹为特定时空下生产和消费过程以及土地利用等导致的温室气体排放量之和。

投资碳减排的情形，因此供应商和制造商共同参与碳标签计划可以促进整个供应链经济效益和环境效益的双重提升（申成然等，2018）。由此可见，碳标签不仅能够更好地发挥消费者在节能减排上的巨大潜力，也能够进一步推动绿色供应链的形成，为低碳经济的发展奠定基础。

当前，部分发达国家已经拥有推行碳标签制度的实践经验。2001年，由英国政府资助的非营利组织碳信托公司成立，并于2006年正式推出"碳减量标签"。由此，英国成为全球率先推行碳标签制度的国家（Guenther et al.，2012）。通过碳标签改变消费者的消费行为具有巨大的减排潜力。一项关于英国居民对碳标签认知的研究显示，一年内如果每周购买20件低碳商品，可降低5%的个人碳排放量；购买40件低碳产品，可降低10%的个人碳排放量（Upham，2011）。随后，美国、德国、日本、韩国等发达国家也纷纷出台本国的碳标签制度。截至2019年，美国已推出4种不同类型的碳标签，成为世界上碳标签种类最多的国家，其在2007年推出Carbon Free碳标签，2009年推出气候意识标签、加利福尼亚碳标签和碳标签。德国的碳标签是由世界上历史最悠久的蓝天使标志演变而来。2008年，根据保护对象的不同，蓝天使标志被细分为健康标志、气候标志、水标志和资源标志（郭莉等，2011）。同年，德国10家企业参与了产品碳足迹试点项目。日本于2008年推出产品碳标签，2009年建立了碳足迹产品体系，与其他发达国家不同，日本目前的两种碳标签均由政府部门主导推行。韩国在2009年正式建立了产品环境声明书制度，即基于生命周期法计算产品或服务所消耗的自然资源或产生的温室气体、污染物等，并以数值标签的形式在产品中标注出来。

然而，与发达国家相比，绝大多数发展中国家的碳标签制度仍然处于起步阶段，而发达国家与发展中国家之间碳标签制度发展的不平衡很有可能使欠发达国家遭受新的贸易壁垒。具体而言，与发展中国家对外贸易有着密切联系的发达国家在考虑到自身环境问题的情况下，启动了碳标签计划（Liu et al.，2016），但如果这些发达国家出于贸易保护主义，可能会将碳标签作为新的进口标准，排除没有得到碳标签统一认证的进口产品，从而打击尚未建立碳标签制度的发展中国家的出口贸易。欧洲议会于2023年4月18日通过的碳边境调节机制(CBAM)即为一例。因此，碳标签正从一个公益性的标志变成一个商品的国际通行证，这个通行证将可能成为国际贸易的新门槛(郭莉等，2011)，成为一种新的“贸易壁垒”。由此可见，如果我国再不建立碳标签制度，必然会导致我国出口商品在目标市场的竞争中失去优势，甚至被挤出发达国家市场(尹忠明和胡剑波，2011)。要规避“碳关税”“绿色壁垒”可能对我国产生的影响(Yan and Yang，2010)，就必须加快建立与我国国情相适应的切实可行的碳标签制度。从国际贸易的角度来说，实施碳标签制度不再是仅仅满足国内消费者实现低碳生活的需求，更是为了防范我国在对外贸易中的风险。

从现实来看，当前各国INDCs与控制温升2摄氏度目标下减排路径相比较，到2030年尚有110亿～135亿吨二氧化碳的年减排缺口(何建坤，2019)，这就迫切需要各国提升减排目标、强化行动，这也对我国的减排提出了新的要求。但目前我国能源结构和社会经济的发展现状决定了高碳特征的能源结构在短期内难以根本改变(常楠楠，2014)，而低碳产品的研发需要一个过程，因此消费减排是现阶段我国节能减排的一个重要突破口。早在2007年，我国因居民消费产生的碳排放量就占到全国总体碳排放量的30%(Wei et al.，2007)，人均家庭碳排放量达到1.77吨/人(王莉等，2015)。随着生产领域减排空间逐渐收窄以及人口城镇化水平逐步提高，居民消费将呈现出越来越大的减排潜力(Zhang et al.，2017)。推进“双碳”目标对生产生活方式以及空间格局分布都将产生重大影响。“碳”之于地球正如“糖”之于人类，在物质匮乏年代，人们都偏好高糖的食物，但如今大家都提倡清淡饮食，以保持健康的状态。同样，今天的中国已进入全面小康社会，低碳理念会像健康理念一样，得到越来越多人自发的认可和践行(陈文辉，2021)。因此，在我国推行碳标签制度具有现实必要性和合规性。

从宏观政策角度看，重视环境保护、强调生态安全是我国社会经济发展的原则与底线。党的十八大以来，党和国家将生态文明建设放在突出位置，融入经济建设、政治建设、文化建设、社会建设各方面和全过程，深入践行尊重自然、顺应自然、保护自然的生态文明理念。2015 年，习近平总书记在党的十八届五中全会第二次全体会议上的讲话明确提出了创新、协调、绿色、开放、共享的新发展理念，其中绿色发展针对的是我国自然资源紧缺、环境污染严重、生态系统退化等生态环境问题。2020 年，中共中央办公厅、国务院办公厅印发《对于构建现代环境治理体系的指导意见》，为构建党委领导、政府主导、企业主体、社会组织和公众共同参与的现代环境治理体系作出重大部署。由此可见，环境保护成为与经济发展并驾齐驱的重要支柱，且两者相辅相成，正如习近平总书记提出的"绿水青山就是金山银山"理念。各省市也积极探索碳标签制度建设，如浙江省 2021 年生态环境保护工作要点中明确提出探索碳标签认证制度；深圳市更是将碳标签制度纳入《深圳率先打造美丽中国典范行动方案（2020—2025 年）》。因此，碳标签制度的建立无疑顺应了我国建设生态文明、践行绿色发展理念以及构建现代环境治理体系的政策导向。

从法律法规角度看，我国虽然尚未在全国层面确立与碳标签制度直接相关的法律条文，但与节能环保相关的法律为碳标签制度的推行提供了有力的立法支撑。20 世纪末，我国首次出台《节约能源法》，表明节约能源、保护环境已经开始进入国家决策视野。随后，我国于 2002 年、2005 年、2008 年先后出台《清洁生产促进法》《可再生能源法》《循环经济促进法》等法律法规。2015 年，我国开始施行修改后的《环境保护法》，其中第四章第四十条规定："企业应当优先使用清洁能源，采用资源利用率高、污染物排放量少的工艺、设备以及废弃物综合利用技术和污染物无害化处理技术，减少污染物的产生。"与此同时，《中国应对气候变化国家方案》《清洁生产机制项目运行管理办法》、"十三五""十四五"生态环境保护规划等政策的实施也为碳标签体系的推行奠定了法规基础。

总的来看，我国建立碳标签制度既是为了积极减排以应对气候变化，也是为了实现自身经济、社会和环境的可持续发展。虽然碳标签制度在发达国家近十几年的实践中已相对成熟，但我国仍可以吸取外部经验与教训，并在本国国情基础上开展碳标签制度的研究与实践。基于以上研究背景，本书将从国内外双重视角，政府、企业和公众三重维度，来探讨碳标签制度实施的现状，剖析我国碳标签制度的推动性因素，并识别主要限制性因素，进而提出针对性的政策措施。

1.2　研究意义

1.2.1　理论意义

本书系统总结碳标签相关文献研究，全面梳理国内外政府、企业及社会组织在碳标签制度方面的实践经验，构建公众碳标签产品支付意愿影响机制模型等，具有以下理论意义。

1. 为碳标签制度研究提供了多元主体共治的理论框架。基于政府、企业和公众间的互动关系，将三大主体融入同一制度分析框架中，从多元主体共治的视角为碳标签制度的建立与推广提供了理论框架，也为我国政府制定碳标签相关政策提供科学依据。

2. 为碳标签制度研究提供了基于国内外案例的比较视角。系统总结碳标签相关文献研究，为相关领域的研究提供扎实的文本基础。在分析碳标签相关领域研究进展的基础上，对世界各国政府、社会组织在碳标签制度建设方面的实践进行了全面梳理，同时选取国内外代表性企业的低碳实践进行深入分析，为后续学者在该领域的研究提供文本基础。

3. 构建公众碳标签产品支付意愿影响机制模型，延展消费者行为相关理论，丰富消费者支付意愿的研究。在已有经典消费者行为改变理论及文献回顾的基础上构建了公众碳标签产品支付意愿影响机制模型，综合运用一系列计量方法量化大学生消费者对三种不同碳标签食品的支付意愿，弥补已有研究的不足。

1.2.2 实践意义

在气候变化风险陡增的背景下，各国政府愈来愈重视生产端与消费端协同减排，世界范围内产品碳标签认证已是大势所趋。我国目前仍处于碳标签制度探索阶段。碳标签虽然在我国部分省市探索试点，但距离真正制度化还有不小的距离。与此同时，企业低碳生产动力机制、消费者对碳标签产品的支付意愿也尚未明确，这为碳标签制度的推广带来不确定性。唯有明晰这些问题，方能为企业生产决策和政府政策监管提供依据。因此，本书通过理论分析和实证研究对上述问题进行了回答，具有以下实践意义。

1. 为政府提供新的减排政策工具。通过对企业和消费者的态度和偏好分析，揭示了碳标签制度蕴含的巨大减排潜力。启示政府应将碳标签作为新的减排政策工具纳入市场型环境规制体系，形成“消费者偏好—企业生产—节能减排”的良性传导，助力“双碳”目标实现。

2. 为企业制定生产决策提供参考。所获有关政府碳标签制度实践、企业低碳生产实践、公众支付意愿的资料和数据将为企业是否有动力生产碳标签产品、在生产碳标签产品过程中是否需要寻求政府帮助及应采用何种方式进行生产提供参考，并倡导企业积极承担节能减排的社会责任，树立良好的企业形象。

3. 为公众了解碳标签制度提供信息。通过碳标签概念内涵阐释，国内外政府、社会组织和企业低碳实践案例分析，以及消费者碳标签产品支付意愿调查，生动勾勒出碳标签制度的应用场景与广阔前景，有助于提升公众对碳标签制度的认知水平，为形成公众参与的碳标签治理格局奠定基础。

4. 为我国应对国际贸易中的"碳关税贸易壁垒"提供信息。在欧盟推行 CBAM 的背景下，我国加快建立碳标签制度的意义凸显。通过对碳标签认证体系的研究，为构建具有权威性、科学性，与国际标准接轨的碳标签制度提供政策参考，帮助外贸企业做好产品低碳认证工作，有助于其在面对 CBAM 等碳关税时提升竞争力。

1.3 研究方法

1.3.1 文献归纳法

文献归纳法又称文献研究法、文献回顾法，是指全面搜集和分析各类现存的文献资料，从中选取信息，并概括出共同属性或特征以加深研究认识，从而达到研究目的的研究方法。

本书通过文献归纳法，首先对碳标签、碳标识、生态标签和环境标签等相关概念进行了阐述与辨析；接下来对国内外碳标签相关领域的研究进展(包括碳标签与气候变化、碳标签与碳足迹、碳标签与企业社会责任、碳标签与 ISO 质量认证、碳标签与低碳产品、碳标签与贸易壁垒等)进行了归纳分析，较为全面地展现了研究热点；进一步地，本书还对碳标签产品支付意愿及其影响因素的研究现状进行了总结梳理，为下一步模型的建立奠定了基础。

1.3.2 文献计量法

文献计量是指以文献体系和文献计量特征为研究对象，采用数学、统计学等计量方法，研究文献的分布结构、数量关系、变化规律和定量管理进而探讨科学技术的某些结构、特征和规律的一门学科(邱均平，1988)。

本书通过检索国内外相关文献，基于 Web of Science 和中国知网两大文献数据库,检索主题为“碳标签”或“碳足迹”的文献,并进一步进行筛选得出用于文献计量分析的文献,从历年发文量、发文国家、发文期刊和文献关键词等方面对碳标签相关文献进行了分析,了解研究现状,展现热点与前沿,掌握存在的不足,为本书的研究提供借鉴。

1.3.3 实地访谈法

访谈是访问者与被访问者通过面对面的接触、有目的的谈话,以寻求研究资料的方法,是社会科学研究中常用的一类研究方法。所谓实地访谈法,是指在实地调研的基础上融合面对面访谈等形式,获取第一手调研资料。

本书团队赴全国多个行业和企业展开调研,并以光电企业湖州明朔光电科技有限公司、消费品企业广州浪奇实业股份有限公司、化工企业浙江传化集团、建筑企业上海朗绿建筑科技有限公司、物流企业菜鸟驿站和咨询企业“碳阻迹”公司为例,讲述我国企业绿色生产现状,基于访谈实录整理分析国内碳标签制度推行现状。

1.3.4 问卷调查法

问卷调查法是指使用问卷对所研究的问题进行测量的一种方法,在国内外社会科学研究中被广泛使用。

本书在调研居民对碳普惠制度的评价和公众对碳标签产品的支付意愿这两方面使用问卷调查法,并通过网络发放问卷、回收调查数据。具体来看,在调研广东省居民对碳普惠制度的评价的过程中,本书共获得90份有效调查问卷,调查对象来自广州、东莞、中山、惠州、韶关和河源等6个碳普惠试点城市的居民。团队将他们对经济性和环保性的偏好以及对当地环保政策的知晓度、主观评价进行量化,探索不同程度环保倾向性的居民在碳普惠政策方面的行为差异。在调研公众对碳标签产品支付意愿的过程中,针对全国大学生消费者发放并获得1787份有效调查问卷,运用条件价值评估法设计调查问卷，量化大学生消费者对碳标签食品的支付意愿，并探究其影响因素。针对全国不同年龄阶段的消费者发放并获得976份有效调查问卷，同样运用条件价值评估法量化其对碳标签电器电子产品的支付意愿，并探究其影响因素。

1.3.5 计量研究法

在有关国内公众对碳标签产品支付意愿的研究中，本书综合运用多种计量研究方法，通过SPSS 25.0软件和Mplus 8.7软件对所获数据进行实证检验。首先，针对所获数据进行因子分析来验证所建构模型的效度；其次，通过结构方程模型、中介效应检验和方差分析等方法来量化大学生对碳标签食品的支付意愿及其影响因素和影响机制。

1. 信效度分析

信度检验，又称可靠性检验，用于测度变量的内在一致性。本书选取克伦巴赫系数对量表的内在一致性进行测量。一般认为当克伦巴赫系数高于0.7时，量表呈现高信度(Yates and Stone，1992)。

效度，一般是指测量工具能够准确测出所需测量事物的程度。效度检验，即检测问卷量表能否准确测量出所需测量的事物，一般分为内容效度、结构效度和收敛效度等。

本书通过探索性因子分析、验证性因子分析、计算平均方差萃取值和组合信度等方法检验量表的结构效度与收敛效度。

2. 方差分析

方差分析又称“变异数分析”，用于两个及两个以上样本均值差别的显著性检验。方差分析的基本原理在于不同处理组的均值差异源于实验条件与随机误差，前者导致组间差异，后者导致组内差异。

本书对性别、学历、户籍和收入等人口统计特征变量与支付意愿进行方差分析，探求两者间的显著性差异。

3. 结构方程模型

结构方程模型是一种多元统计分析方法，于20世纪70年代被提出，近年来被广泛地应用于经济学、社会学、心理学和管理学等领域。相较于其他分析方法，结构方程模型具有理论先验性，融合因子分析与路径分析两种统计技术，能够将观测变量与潜变量同时纳入同一模型中进行处理分析，可以在一定程度上弥补传统方法在处理潜变量时的不足(吴明隆，2010)。

本书选择结构方程模型这一分析方法，基于上文所构建的公众碳标签食品支付意愿影响机制理论模型进行实证检验，探究大学生消费者对碳标签食品支付意愿的影响因素。

4. 中介效应检验

一般来说，验证中介效应有三种方法：分别是逐步回归检验法、Sobel检验法和Bootstrap检验法。但众多研究均表明Bootstrap检验法优于逐步回归检验法和Sobel检验法(Preacher and Hayes, 2004)。

因此，本书选用Bootstrap检验法，重复抽样5000次并构建95%的无偏差校正置信区间，探求消费者对碳标签的认知、对碳标签的态度这两大变量在“环境意识→支付意愿、宣传教育→支付意愿”路径中发挥的中介作用。

参考文献

[1] 常楠楠. 考虑碳标签的消费者低碳产品购买意愿的影响因素及形成机理研究[D]. 徐州：中国矿业大学，2014.

[2] 陈文辉. 关于“双碳”的几点思考[EB/OL](2021-08-18)[2022-02-24]. http://www.cf40.org.cn/news_detail/12052.html.

[3] 郭莉，崔强，陆敏. 低碳生活的新工具——碳标签[J]. 生态经济，2011(7)：84-86，94.

[4] 何建坤. 全球气候治理新形势及我国对策[J]. 环境经济研究，

2019,4(3):1-9.

[5] 胡莹菲,王润,余运俊.中国建立碳标签体系的经验借鉴与展望[J].经济与管理研究,2010(3):16-19.

[6] 邱均平.文献计量学[M].北京:科学技术文献出版社,1988.

[7] 申成然,刘小媛.碳标签制度下供应商参与碳减排的供应链决策研究[J].工业工程,2018(21):72-80.

[8] 王莉,曲建升,刘莉娜,等.1995—2011年我国城乡居民家庭碳排放的分析与比较[J].干旱区资源与环境,2015,29(5):6-11.

[9] 王小钢."共同但有区别的责任"原则的适用及其限制——《哥本哈根协议》和中国气候变化法律与政策[J].社会科学,2010(7):80-89,189.

[10] 吴明隆.结构方程模型——AMOS的操作与应用[M].重庆:重庆大学出版社,2010.

[11] 邢冀.关于在我国开展低碳标志工作的探讨[J].中国环境管理,2009(3):13-15.

[12] 尹忠明,胡剑波.国际贸易中的新课题:碳标签与中国的对策[J].经济学家,2011,7:45-53.

[13] Guenther M, Saunders C, Tait P. Carbon labeling and consumer attitudes[J]. Carbon Management, 2012(3): 445-455.

[14] Hertwich E, Peters G. Carbon footprint of nations: A global, trade-linked analysis[J]. Environmental Science & Technology, 2009, 43 (16): 6414-6420.

[15] IPCC. Special report on global warming of 1.5 ℃, intergovernmental panel on climate change [R]. WMO, Geneva, Switzerland, 2018.

[16] IPCC. Climate change 2022: Impacts, Adaptation and Vulnerability [R]. Cambrige: Cambridge University Rress,

2022.

[17] Lee E, The influences of advertisement attitude and brand attitude on purchase intention of smartphone advertising[J]. Industrial Management & Data Systems, 2016, 117 (6): 1011-1036.

[18] Liu T, Wang Q, Su B. A review of carbon labeling: Standards, implementation, and impact[J]. Renewable and Sustainable Energy Reviews, 2016(53): 68-79.

[19] Loureiro M, Lotade J. Do fair trade and eco-labels in coffee wake up the consumer conscience? [J]. Ecological Economics, 2005(53): 129-138.

[20] Mora C, Spirandelli D, Franklin E, et al. Broad threat to humanity from cumulative climate hazards intensified by greenhouse gas emissions[J]. Nature Climate Change, 2018(8): 1062-1071.

[21] Peters G. Carbon footprints and embodied carbon at multiple scales [J]. Current Opinion in Environmental Sustainability, 2010, 2 (4): 245-250.

[22] Preacher K, Hayes A. SPSS and SAS procedures for estimating indirect effects in simple mediation models[J]. Behavior Research Methods Instruments & Computers, 2004, 36(4): 717-731.

[23] Schleussner C, Lissner T, Fischer E, et al. Differential climate impacts for policy-relevant limits to global warming: The case of 1. 5 ℃ and 2 ℃[J]. Earth System Dynamics, 2016(7): 327-351.

[24] UNDP. Human development report 2007/2008-Fighting cli-

mate change: Human solidarity in a divided world [R]. New York: United Nations Development Program, 2007.

[25] Upham P, Dendler L, Bleda M. Carbon labelling of grocery products: Public perceptions and potential emissions reductions[J]. Journal of Cleaner Production, 2011(4): 348-355.

[26] Wei Y, Liu L, Fan Y, et al. The impact of lifestyle on energy use and CO_2 emission: An empirical analysis of China's residents[J]. Energy Policy, 2007, 35(1): 247-257.

[27] Wiedmann T, Minx J. A definition of carbon footprint[R]. ISAUK Research Report, 2007-07-01.

[28] Yan Y, Yang L. China's foreign trade and climate change: A case study of CO_2 emissions[J]. Energy Policy, 2010, 38(1): 350-356.

[29] Yates J, Stone E. Risk-taking behavior[M]. UK: Wiley Chichester, 1992: 1-25.

[30] Zhang Y J, Bian X, Tan W, et al. The indirect energy consumption and CO_2 emission caused by household consumption in China: An analysis based on the input-output method[J]. Journal of Cleaner Production, 2017(163): 69-83.

第2章　概念辨析与文献计量分析

本章第一部分将总结梳理国内外学者对环境标签、碳标签的定义及解释，进而对碳标签相关概念进行辨析，明确其与环境标签之间的逻辑关系。第二部分将通过文献计量法对 Web of Science 和知网的文献数据库进行分析，总结国内外碳标签相关文献的研究特征与趋势。

2.1　碳标签相关概念辨析

2.1.1　环境标签

环境标签，又称"环境标识"，始于 20 世纪 70 年代德国政府提出的蓝天使计划[①]。此后，环境标签在世界各国得到了越来越广泛的使用，尤其体现在环境标签对国际贸易的影响上。与此同时，随着各国经济的发展与低碳转型的需要，越来越多的国家使用环境标签来引导消费者选择环境友好的生活及购买方式，实现环境保护的目标。

1. 环境标签的定义

世界各国及社会组织对环境标签的定义各有不同。如经济合作与发

① 该计划由德国政府于 1978 年发布，目标在于通过技术革新，在引导消费者选择方面提供准确信息，并为生产有利于保护环境的产品提供经济激励，减少环境污染，是世界上第一个适用于产品和服务的环境标签制度。目前德国已对 100 多类 4000 多种产品颁发了环境标签。

展组织(OECD)于1991年在《经合组织国家的环境标签制度》中将环境标签定义为“由私人或公共机构授予的自愿的标签,其目的是告知消费者环境信息,从而促进就功能一致的竞争产品而言对环境更友好的产品的消费”(Arthur, 1997)。1993年,关贸总协定秘书处将环境标签区分为以下几个层面:(1)生态标签,是指在生命周期分析的基础上授予的标签;(2)单因素标签,用于描述一个产品的单一特性的标签;(3)负因素标签,是对产品有关的安全和健康问题的警告。可以发现,以上两个国际组织将生态标签视为环境标签的一类分支,认为环境标签是涉及环境信息披露标签制度的总称,而生态标签是以生命周期分析为基础而批准使用的标签。但与之相反的是,联合国贸易与发展会议将环境标签限定于生态标签范围内。全球环境标签网将环境标签的定义为“一个基于生命周期考虑的,用于明确整个产品或服务的环境优先性的标签”,也即将环境标签与生态标签等同起来。同样,我国学者一般也将环境标签等同于生态标签,没有进行严格的区分。由此可见,在国际范围内对环境标签与生态标签等词的定义较为混乱,没有很明确的区分标准。

在上述定义之外,目前国际与国内分别采用国际标准化组织及中国环境标签产品认证委员会对环境标签下的定义,如:1998年,国际标准化组织(International Organization for Standardization, 以下简称ISO)在《环境标签和声明通用原则》中指出“环境标签是用来表达产品或服务环境因素的声明,其形式可以是张贴在产品或包装物上的标签,或是置于产品文字资料、技术公告、广告或出版物内,与其他信息相伴随的告白、符号或图形”。有学者对国际标准化组织发布的ISO 14020系列标签解释了理解要点,说明了中国环境标签保障措施和环境标签技术要求的内容,并重点介绍了中国环境标签认证流程,从而使广大生产或服务企业理解环境标签的要求及认证程序,使消费者理解环境标签的意义、作用、好处和相关知识,使认证检查人员正确理解标准及技术要求(李在卿,2008)。1994年,中国环境标签产品认证委员会指出,环境标签是“一种标在产品或其包装上的标签，是产品的'证明性商标'，它表明该产品不仅质量合格，而且在生产、使用和处理处置过程中符合特定的环境保护要求，与同类产品相比，具有低毒少害、节约资源等环境优势”。

尽管环境标签的定义因不同国家和组织而异，但其所传达的基本内容大体一致，也即环境标签是经过第三方机构认证后在产品或服务上加贴的具有(或不具有)环境友好性的证明标签。因此，本书认为环境标签是将产品或服务在生产或服务过程中所产生的与环境有关的信息用标签的形式标示出来，使消费者知悉所购商品的环境信息。

2. 环境标签的分类

基于各国对于环境标签制度的实践可知，从披露过程来看，环境标签可分为强制性环境标签和自愿性环境标签两类。

(1)强制性环境标签

强制性环境标签，顾名思义，也即法律强制要求企业必须使用，包括负面信息标签和中立信息标签。

①负面信息标签

负面信息标签是指在含有对环境有害物质的产品，或在生产加工过程中对环境造成不利影响，或使用有害物质的产品在进入市场销售之前应向有关机构申请该标签，并向消费者披露这些负面信息。这类标签事实上将形成反相激励作用，激励生产商选用更为绿色的生产方式，以减少加贴负面信息标签的可能性。

②中立信息标签

中立信息标签是指部分产品在进入市场销售之前强制性使用该标签向消费者披露政府认为消费者有权知晓的重要信息。此类信息是中立的，旨在为消费者提供最全面可靠的产品信息，同时旨在鼓励消费者购买更环境友好的产品。

(2)自愿性环境标签

自愿性环境标签包括单一特性标签和多目标标签，是指生产厂商自愿申请披露的环境标签，此类标签一般披露积极正面信息。

①单一特性标签

单一特性标签是指针对产品或服务的某一特性设定标准并根据这些标准，厂商自愿披露这一特性的信息，一般包括是否低碳、是否可降解、是否可循环利用等。以正面环境信息披露的方式鼓励更多的消费者购买环境友好产品。

②多目标标签

与单一特性标签相对应，多目标标签即厂商自愿披露产品从生产到零售整个过程中与环境有关的信息，表明在产品的整个生产零售过程中均有利于环境保护，是一个全面综合的指标。

据一项美国调查显示，37%的人认为环保团体提供的信息才是最值得信任的（U. S. Environmental Protection Agency, 1994）。因此，厂商更倾向于选择独立的第三方权威机构对其产品进行环境标签的认证。发展至今，自愿性环境标签通过第三方权威认证机构进行认证。

从环境标签的标准来看，一般来说，ISO 环境标志体系可分为三类，即Ⅰ型环境标志（ISO 14024 标准），Ⅱ型环境标志（ISO 14021 标准）和Ⅲ型环境标志（ISO 14025 标准）。其中，我国于 2001 年分别将 ISO 14024 标准、ISO 14021 标准转化为 GB/T 24024—2001 国家标准和 GB/T 24021—2001 国家标准。Ⅰ型环境标志是一种以自愿为基本原则的证明性标志，是根据预先选定的产品种类制定标准，然后通过第三方权威机构对产品进行评估，根据评估结果决定是否授予该产品环境标志，表明获准使用该标志的产品与同类产品相比，在质量和环境行为上具有优势。在我国，常见的十环标识、有机食品、绿色食品等都属于Ⅰ型环境标志。Ⅰ型环境标志认证根据 ISO 14024 标准《环境管理环境标志与声明Ⅰ型环境标志原则和程序》实施（Magerholm et al.，2006），该标准规定了用于制定Ⅰ型环境标志的原则和程序，包括环境标志的产品种类如何选择确定、产品的环境特性如何认定以及相关的认定标准，还有关于环境标志具体的认证程序等(李丽华，2013)。Ⅱ型环境标志，即自我环境声明，是声明人对自己的产品进行声明，这里的声明人可以是生产商、采购商和零售商等任何可以从产品中获益的组织。在产品说明书中，用文字和符号等形式来强调某项产品或某项服务的环境行为，包括产品生产、处置过程、产品原料采集和过程控制及废弃物处置利用的 12 项自我环境声明。声明人可以选择一项或多项作为自我环境说明。Ⅱ型环境标志认证依据 ISO 14021《环境管理环境标志与声明自我环境声明(Ⅱ型环境标志)》标准。Ⅲ型环境标志，我们所说的"碳标签"正是其重要分支，它基于定量的生命周期评价分析，是一个量化的产品性能和环境信息的数据清单(周丽红，2014)。随着经济不断发展，生产力不断提高，公共环保意识不断增强，社会更加重视产品的环境行为，涌现了希望得到更多关于产品环境行为量化信息的消费者，随之生产商在进购原材料时也希望供应商提供原材料环境行为量化信息，Ⅲ型环境标志由此诞生了。与Ⅰ、Ⅱ型环境标志所针对的普通消费者不同，Ⅲ型环境标志主要针对专业购买者。

综上可知，碳标签在环境标签范围内，是自愿性环境标签中的一种，同样也是Ⅲ型环境标签的一大重要分支，两者间的关系如图 2-1 所示。

图 2-1　碳标签与环境标签关系示意

2.1.2 碳标签

碳标签这一概念最早源自英国20世纪90年代对于“食物里程”的探讨。“食物里程”是指农产品从产地到餐桌的总里程，涵盖了农产品供应链全周期的实际距离，即从农场到食品加工厂、物流仓库、批发商、再到零售超市物理距离的总和。距离越长，意味着该食物所消耗的能源越多，二氧化碳排放越多（帅传敏等，2011）。“食物里程”的概念也是碳足迹概念的来源，与“食物里程”全生命周期的核算方式类似，碳足迹是一项活动、一个产品或一项服务在其整个生命周期内直接或间接产生的温室气体（greenhouse gases，以下简称GHGs）排放和消纳，通常用二氧化碳当量的形式来表示，可以被视为是用来评价气候变化单一影响的指标（ISO，2013）。

国内外学者对碳标签的定义虽大致相似，但在碳足迹核算范围、目的与作用等具体定义上有所不同。所谓碳标签指的是将产品整个生命周期产生的碳排放量指标贴在产品上以告知消费者碳足迹信息（Upham et al.，2011）。有学者提出碳标签是将产品从摇篮到坟墓整个生命周期阶段所产生温室气体的总量进行计算，并以二氧化碳当量表示的一种工具（Cohen and Vandenbergh，2012）。有学者认为碳标签是把商品在生产过程中所排放的温室气体总量在标签上用量化的指数表示出来（胡莹菲，2010）。有学者认为，碳标签是把产品或服务在生产和消费等整个生命周期过程中所排放的温室气体排放量在产品标签上用量化的数字标示出来，以标签的形式来告知消费者产品的碳足迹，以此作为消费者选购产品或服务的参考依据（裘晓东，2011a）；并将所谓的全生命周期细化为从原料、制造、储运、废弃到回收的全过程（裘晓东，2011b）。从以上几位学者对碳标签的定义中可以发现，学界对于碳标签的数据核算范围并未形成统一的认知。胡剑波等认为碳标签是要将产品在全生命周期过程中所造成的温室气体排放标注在产品标签上，以告知消费者产品的碳排放信息

(胡剑波等,2015)。对于全生命周期范围的划分,黄文秀提出碳标签所显示的产品全生命周期所排放的温室气体总和应包含原材料开采、制造、销售、使用和废气处理等环节(黄文秀,2012))。蔡雪娇将碳标签产品的生命周期划分为原材料获取、加工制造、储藏运输、使用利用直到废气回收的全过程(蔡雪娇,2016)。可见,国内外学者对于碳标签上所标注的碳足迹核算范围虽看法不尽相同,但全生命周期所涵盖范围逐渐扩大,呈现出将更多与产品相关的碳排放纳入的趋势。

从碳标签的目的与作用来看,学者主要探讨了消费者和企业两个层面。

在碳标签对消费者行为影响的探讨中,郭莉等(2016)认为,利用在商品上使用碳标签的方式可以引导消费者选择碳排放更低的商品,从而达到减少温室气体的排放、缓解气候变化的目的。相似地,陈荣圻(2016)提出通过产品的碳标签赋予消费者知情权,可以根据所表示的温室气体排放量选择购买低碳产品。李长河和吴立波(2014)则认为碳标签作为推行减排工作的有效手段,有利于提高社会低碳消费意识。谭等(2014)认为碳标签可以帮助消费者树立低碳消费理念,从而改变人们的生活方式和生活习惯。罗英和王越(2017)提出,碳标签作为一种节能减排的信息规制方式,是将碳排放以具体的数据或形象化的图标表现出来,从而起到引导消费者追求低碳消费的目的。可见,大多学者都认为使用碳标签可以有效引导消费者选择更加低碳的产品。

在碳标签对企业生产行为影响的探讨中,有学者提出碳标签是企业或组织的自愿行为,可以为企业提供对其产品或服务全生命周期环境影响进行全方位评估的机会(Zhao et al.,2017)。

方虹等(2013)提出碳标签可以促使企业采用各种措施减少碳排放,进而达到缓解气候变化的目的。此外,碳标签对企业的减排行为是否有影响往往与消费者对低碳产品的消费偏好有关。正如徐清军(2011)所提出的,碳标签的目的是通过消费者对产品碳排放予以评价从而推动企业努力降低温室气体的排放。

综上,学界对于碳标签的定义主要围绕温室气体排放核算范围、量化、目的和作用等几个方面。碳标签往往是非强制性的,依靠向消费者提供商品碳排放信息这一路径助推消费者选购低碳产品,鼓励企业进行低碳生产。

2.2 碳标签文献计量分析

2.2.1 基于 Web of Science 的国际文献分析

为了进一步探究国际学界在碳标签、碳足迹等领域的研究进展,本章在系统收集有关碳标签、碳足迹文献的基础上,采用文献计量方法对其进行研究,以定量可视化的方式揭示碳标签、碳足迹领域的研究现状和研究热点。研究发现:(1)碳标签、碳足迹相关领域的文献从 2008 年开始呈现出三段式发展特征,并于 2014 年进入文献的高发期;(2)美国是该领域发文最多的国家,其次是中国,英国是该领域发文最早的国家;(3)跨国合作研究趋势明显,中国与美国、英国等国家都有较为广泛的国际研究合作,但大多数文献仍由本国学者完成;(4)从发文期刊来看,碳足迹、碳标签相关领域发文期刊较为集中,其中 *Journal of Cleaner Production* 和 *Food Policy* 等期刊最值得该领域的学者关注;(5)从关键词来看,高频词有"碳足迹""生命周期评价""可持续发展"等,这些都从侧面反映了碳标签制度建立的背景、意义和基础。

本章国际文献计量分析的数据来源于 Web of Science,它是美国信息科学研究所 ISI 的网络版数据库,为超过 95%的世界顶尖研究机构、多地政府和国家研究机构提供数据库支持。Web of Science 涵盖了 SCI、SSCI、A&HCI、CPCO-S 和 ISSHP 大引文数据库的网络版,研究领域涉及自然科学、工程技术、社会科学、艺术与人文等领域，是目前为止全球最大、涵盖学科最多的综合性学术信息资源数据库(李俊等，2014)。

首先，本章选择 Web of Science 数据库中的核心合集进行检索。其次，确定搜索的字段。本章以主题 TS＝“carbon label” OR “carbon footprint” OR “carbon labelling” OR “CO_2 label” OR“CO_2 labelling” OR “carbon dioxide label” OR “carbon dioxide labeling”为检索策略，不具体设置时间段。通过以上设置最终筛选得到与研究相符的 144 篇文献。数据检索时间为 2020 年 4 月 11 日。

1. 全球历年发文数量分析

从全球历年的发文量来看(图 2-2)，有关碳标签、碳足迹领域的文献数量总体呈上升趋势，且呈现出三阶段式的高发展特征。其中 2008—2011 年间属于该领域的萌芽阶段，文献数量均低于 9 篇，仅有少数学者开始展开针对性研究；2011—2014 年呈快速上升阶段，文献数量相比上一阶段快速地增长，2011 年发文量为 9 篇，2014 年发文量增至 20 篇，这一阶段文献发表数量增长了 190％；2014—2020 年间曲折上升，但基本保持每年高发文量的水平，最高为 2016 年，达到 24 篇。需要说明的是，由

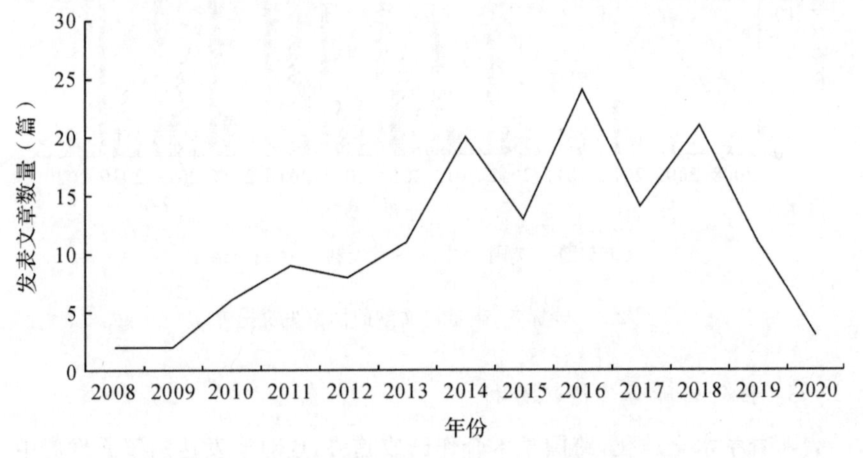

图 2-2　全球碳标签、碳足迹文献发文趋势

于数据检索时间为 2020 年 4 月 11 日，因此检索到的 2020 年发文量并不代表 2020 全年发文量。总体而言，自 2014 年以来，有关碳标签、碳足迹相关领域的文献发表数量呈现显著性增长，标志着该领域进入文献高发期和研究热度期。

2. 国家发文数量分析

从发文国家来看(图 2-3)，瑞士的发文量一直较多且稳定，这可能是因为瑞士较早就推出了碳标签，并广泛应用于食品和生活用品等产品中，这为瑞士学者提供了研究碳标签机制的实践经验。中国在 2014 年之后发文量有所上升，表明我国对碳标签、碳足迹领域的研究日益重视。从发文时间来看，英国和意大利是发文最早的国家，其次是美国、法国和中国，瑞士是发文最晚的国家。

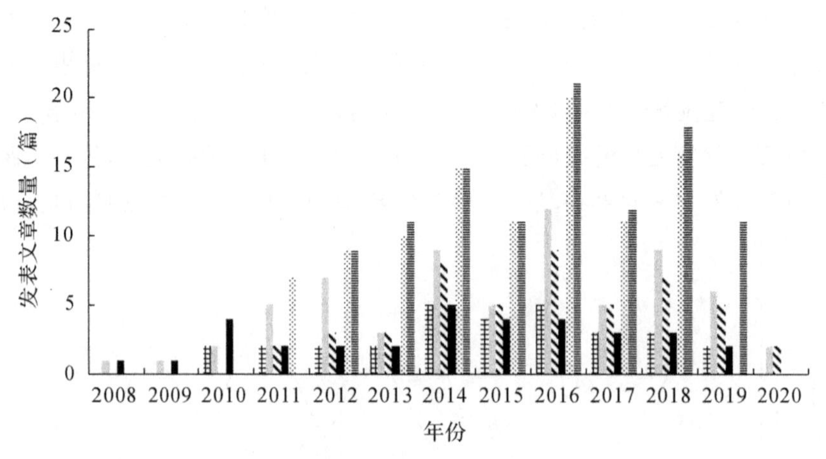

图 2-3　碳标签、碳足迹文献的国家发文分布

3. 科研国际合作情况分析

随着学术全球化，跨国学术合作已成趋势，这对于发达国家或发展中国家而言都是有利于提高论文水平、保持优势地位和成果快速获得学界

认可的重要手段(李堃和王奇,2019)。在碳标签、碳足迹相关领域进行国际合作最为活跃的国家依次是美国、中国、澳大利亚和英国。我国的发文中大部分还是由本国学者完成,少部分与其他国家学者合著,在合著文章中,我国与美国和英国的科研合作关系最为紧密。此外,美国和英国、美国和荷兰、英国和法国等国家之间的科研国际合作也非常活跃。总体而言,跨国合作的趋势非常明显,这有助于各国取长补短,完善本国的碳标签制度。

4. 发文期刊分析

从发文期刊来看(表2-1),*Journal of Cleaner Production* 是碳标签、碳足迹相关领域发文量最多的期刊,达34篇,占总发文数量的23.6%,该期刊的总被引用次数也位居第一,为79次,平均被引次数为2.32次;排在第二位的是 *International Journal of Life Cycle Assessment*,发文数量为11篇,占总发文数量的7.6%,但该期刊的文章总被引次数排名较低,因此在碳标签、碳足迹相关领域的影响力并不强;*Journal of Cleaner Production* 和 *International Journal of Life Cycle Assessment* 合计发文数量占总发文数量31.2%,说明碳标签、碳足迹相关领域的期刊发表相对集中;*Food Policy* 和 *Renewable & Sustainable Energy Reviews* 两个期刊的发文数量为8篇和5篇,分别占总发文量的5.5%和3.4%,但 *Food Policy* 的总被引次数远高于 *Renewable & Sustainable Energy Reviews*,达53次,且其均篇被引次数较高,为6.63;*Appetite*, *Environmental Science & Policy*, *British Food Journal*, *Building and Environment*, *Erwerbs-Obstbau* 和 *American Journal of Agricultural Economics* 等期刊的发文数均低于3篇,其中 *American Journal of Agricultural Economics* 虽只发表一篇文献,但其被引达到14次。总体来看,*Journal of Cleaner Production* 和 *Food Policy* 等期刊最值得碳标签、碳足迹相关领域的学者关注。

表 2-1 碳标签、碳足迹文献的发文期刊前十

期刊名称	总发文数	总被引用次数	平均被引次数
Journal of Cleaner Production	34	79	2.32
International Journal of Life Cycle Assessment	11	10	0.91
Food Policy	8	53	6.63
Renewable & Sustainable Energy Reviews	5	6	1.20
Appetite	3	13	4.33
Environmental Science & Policy	3	13	4.33
British Food Journal	2	5	2.50
Building and Environment	2	3	1.50
Erwerbs-Obstbau	1	5	5.00
American Journal of Agricultural Economics	1	14	14.00

5. 关键词分析

从文献关键词来看(表 2-2),"碳足迹"是出现频率最高的关键词之一,这表明在这类型文献中,碳足迹均是研究的基础,侧面反映了碳标签制度的建立与碳足迹的核算方法和标准有密切联系。此外,"生命周期评价""可持续""支付意愿""碳标签""选择实验""潜在分析""气候变化""温室气体排放""产品碳足迹""水足迹""生态标签""环境标签"均是出现频率较高的关键词。从这些关键词中可以发现,"气候变化""温室气体排放""环境可持续""可持续"是该领域的整体研究背景,碳标签制度的建立对缓解气候变化,减少温室气体排放,提高各国经济、社会和环境的可持续发展都有重要意义;"生命周期评价""选择实验""潜在分析"是学者们选用该领域的研究方法,其中"生命周期评价法"也是当前碳足迹核算的主流方法;"支付意愿""碳标签""产品碳足迹""水足迹""生态标签""环境标签”则是高频研究对象。

表 2-2　碳标签、碳足迹文献关键词频次

关键词	出现频次(篇)
碳标签	144
温室气体排放	85
生态标签	79
选择实验	78
气候变化	75
环境标签	70
水足迹	65
生命周期评价	55
支付意愿	53
可持续	48
碳足迹	43
产品碳足迹	35

6. 小结

碳标签制度已引起包括中国学者在内的广泛关注，碳标签、碳足迹相关领域的研究成果也呈现出一定的影响力，但从发文数量、被引次数等方面看，该领域的研究仍有较大发展空间。我国与美国、英国等国家进行了跨国学术合作。将来我国应充分借鉴英国、美国、法国、德国、日本等发达国家在碳标签制度建立过程中的经验，并与其他国家开展更多相关领域的合作，进而为我国建立和实施碳标签制度提供理论依据与实践基础。

2.2.2　基于知网的国内文献分析

为了进一步探究国内学界在碳标签、碳足迹等领域的研究进展，本章基于中国知网数据库对有关碳标签、碳足迹文献进行了文献计量分析，揭示研究现状和研究热点。研究发现：(1)碳标签、碳足迹相关领域的文献

从2009年开始呈现出三段式发展特征，并于2010年进入该领域文献的高发期，2019年后有所降温；(2)从发文机构来看，文献发表量前三的机构分别为江南大学、西南交通大学和华东大学；(3)从发文作者来看，文献发表数量前二的作者分别为来自江南大学的王晓莉和江南大学的吴林海；(4)从基金资助机构分布来看，国家自然科学基金是碳标签研究的重要资助机构，地方层面的上海和重庆资助机构并列地方机构首位；(5)从发文主题来看，排名前三的主题分别为碳标签、碳标签制度和碳标签足迹；(6)从学科类别来看，环境、国民经济和国际贸易位居前三，这表明碳标签正影响社会的方方面面。

中国知网是目前国内最大的文献数据库，因此本章选择中国知网作为分析平台。具体操作如下：首先，本章选择中国知网数据库中的中文文献进行检索。其次，确定搜索的字段。以碳标签、碳足迹为主题，不具体设置时间段。通过以上设置最终筛选得到与研究相符的467篇文献。数据检索时间为2020年6月22日。

1. 全国历年发文数量分析

国内每年的文献发表数量如图2-4所示。有关碳标签的文献从2009年才开始出现，至2020年共发表文献476篇。发文情况可以分为三个阶段：2009—2011年、2012—2014年、2015至今。第一阶段：2009—2011年。2009年碳标签处于萌芽阶段，相关论文开始出现，全年论文数量仅为3篇。但是随后进入迅速发展阶段，2010年和2011年的论文发表数量分别为51篇和76篇，增长率为1600％和49％。这也是我国经济发展到一定阶段，国家愈来愈重视环境保护的时期。第二阶段：2012—2014年。该时段发文量分别为68篇、65篇、67篇，总体保持平稳水平。第三阶段：2015年至今，论文发表数量处于下降趋势，论文发表数量逐年减少，2019年全年发文量仅为11篇，说明当前国内有关碳标签的研究有所降温。但随着“双碳”目标的提出，碳标碳、碳足迹相关文献必将再一次呈现井喷态势。

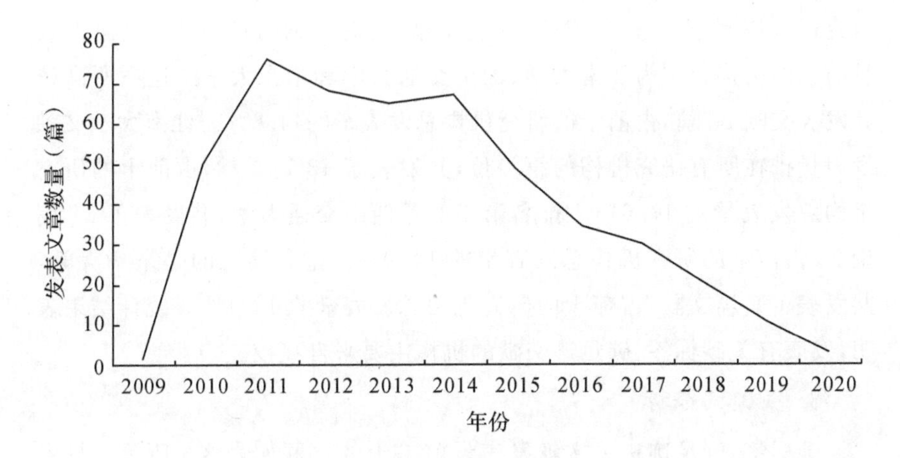

图 2-4　我国碳标签、碳足迹文献发文趋势

2. 发文机构分析

在所有以碳标签、碳足迹为关键词检索的文献中，我国碳标签相关文献发表量前十的研究机构如图 2-5 所示。在这些机构中，发表量前十的

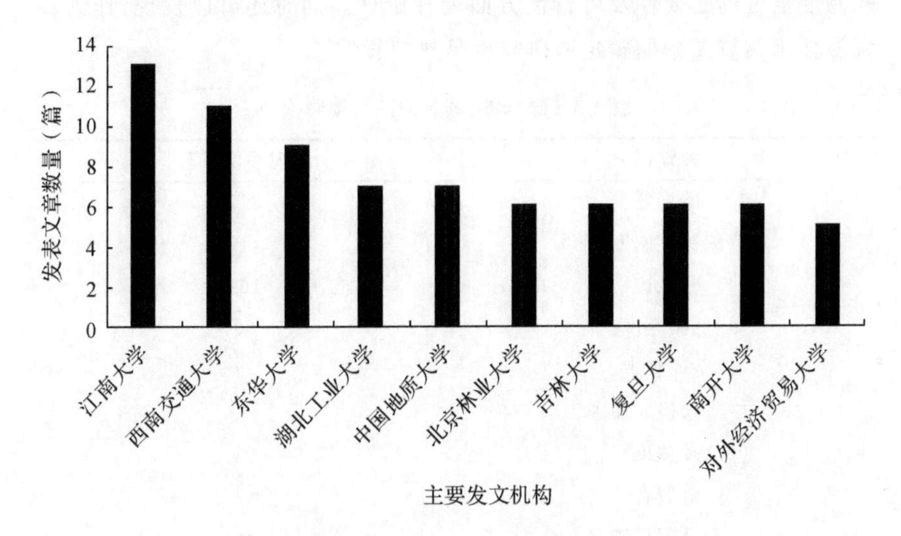

图 2-5　我国碳标签、碳足迹文献发表量前十的研究机构

研究机构均属于高校，共发表 74 篇文献，占总文献的15.5%。文献发表量前三的机构分别为江南大学、西南交通大学和华东大学。这三所高校共发表文献 33 篇，占前十的研究机构总发表量的44.6%。江南大学文献发表量排在所有研究机构的第一位，共发表了 13 篇文献，占前十的研究机构总发表量的 17.6%。排名第二的是西南交通大学，共发表了 11 篇论文，占前十的研究机构总发表量的 14.9%。排名第三的是东华大学，共发表了 9 篇文献，占前十的研究机构总发表量的 12.1%。统计结果表明，发表有关碳标签、碳足迹文献的机构主要来自高校。

3. 关键词分析

碳标签、碳足迹相关文献发表量前二十的主题如表 2-3 所示。排名前三的主题分别为碳标签、碳标签制度、碳足迹。排名第一的主题词为碳标签，共 240 篇，占所有文献的 21.3%。碳标签制度以 119 篇文献排名第二，占所有文献的10.5%。排名第三的主题词为碳足迹，文献数 107 篇，占所有文献的9.5%。这表明国内学者们更为关注碳标签制度，更多从制度推行的必要性及可行性方面展开论证。同时还可以发现，作为碳标签技术核算基础的碳足迹研究也是热门领域。

表 2-3 碳标签、碳足迹关键词频次

关键词	出现频次(篇)
碳标签	240
碳标签制度	119
碳足迹	107
低碳经济	86
企业管理	78
中华人民共和国	61
碳关税	53
消费者	47
产品碳足迹	40

续表

关键词	出现频次(篇)
碳排放	37
不发达国家	36
碳排放量	31
气候变动	31
气候变化	30
温室气体排放	29
低碳产品	23
国际贸易	23
低碳产品认证	20
出口贸易	19
碳足迹标签	18

4. 基金资助机构分布分析

图 2-6 所示是碳标签、碳足迹相关研究排名前十的基金资助来源，总共有 77 篇文献，占所有文献的 16.2%。5 个国家级资助，5 个地方基金。其中有 65 篇文章受到国家级机构的支持，占碳标签研究排名前十的基金资助来源的 84.4%，说明我国政府高度重视碳标签、碳足迹相关学术研究。排名前三的资助为国家自然科学基金、国家社会科学基金、国家科技支撑计划，分别资助文献数为 36 篇、21 篇、4 篇。国家自然科学基金以资助 36 篇文献位居榜首，占前十资金来源的 46.8%。5 个地方基金共资助 12 篇文献，占前十的 15.6%。上海市科技发展基金软科学研究项目和重庆市教育委员会科学研究项目以各资助 3 篇文章并列地方基金第一名。从数据中可以看出，虽然地方对于碳标签的资助相对国家较少，但是经济较发达地区也逐步开始给予关注。

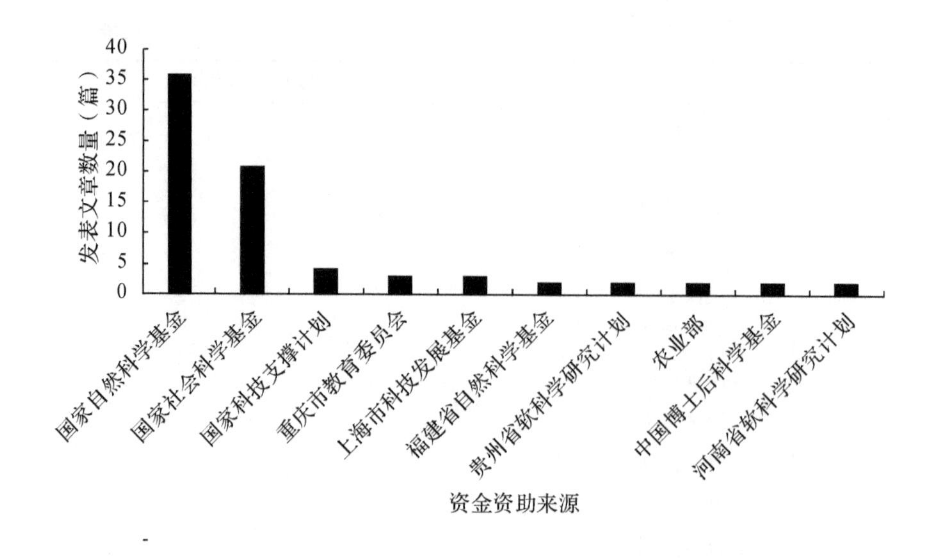

图 2-6　碳标签、碳足迹文献排名前十的基金资助来源

5. 学科类别分析

碳标签、碳足迹相关文献的学科类别中前十如图 2-7 所示。排名前三的学科类别分别为环境、国民经济和国际贸易，其中第一位为环境，文献数为 162 篇，占所有文献的34.0%。第二位为国民经济，文献数为 138 篇，占所有文献的 29.0%。国际贸易以 133 篇文献位居第三，占所有文献的 27.9%。

6. 小结

碳标签领域已在我国学界引起了极大关注，近年来的研究主要集中于碳标签的基本问题和参与主体两大领域。前者具体包括碳标签概念、制度建立背景及其实践三个方面，学者们主要据此论证碳标签制度建立的必要性。后者具体包括政府、企业、消费者和社会组织四大参与主体，学者们多探究多元主体在碳标签制度建立、推广过程中扮演的角色、所起的作用、存在的不足和未来的改进方向。

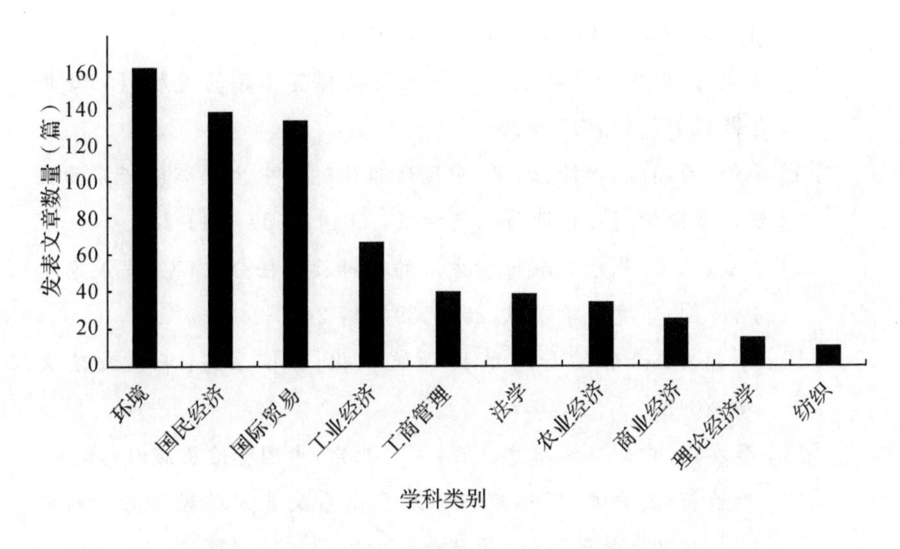

图 2-7　碳标签、碳足迹文献相关学科前十的学科类别

参考文献

[1] 蔡雪娇. 碳标签推广路径的经验借鉴与思考[J]. 低碳世界,2016(21): 15-16.

[2] 陈荣圻. 低碳经济下的碳标签机制实施[C]//中国纺织工程学会. "联胜杯"第八届全国染色学术研讨会论文集. 中国纺织工程学会:中国纺织工程学会,2013: 98-103.

[3] 方虹,张睿洋,周晶. 碳标签制度:我国对外贸易的挑战与机遇[J]. 产权导刊,2013(5): 21-24.

[4] 郭莉,崔强,陆敏. 低碳生活的新工具——碳标签[J]. 生态经济,2011(7): 84-86,94.

[5] 胡剑波,丁子格,任亚运. 发达国家碳标签发展实践[J]. 世界农业,2015(9): 15-20.

[6] 胡莹菲,王润,余运俊. 中国建立碳标签体系的经验借鉴与展望

[J]. 经济与管理研究,2010(3): 16-19.
[7] 黄文秀. 国内外产品碳足迹评价与碳标签体系的发展[J]. 日用电器,2012(4): 25-28.
[8] 李俊,董锁成,李泽红,等. 中国城市化过程中生态环境研究的文献计量分析[J]. 资源与生态学报, 2014,5(3): 211-221.
[9] 李堃,王奇. 基于文献计量方法的碳排放责任分配研究发展态势分析[J]. 环境科学学报,2019,39(7): 2410-2433.
[10] 李丽华. 论环境标志的国际统一化[D]. 上海:华东政法大学,2013.
[11] 李在卿. 中国环境标志认证[M]. 北京:中国标准出版社,2008.
[12] 李长河,吴力波. 国际碳标签政策体系及其宏观经济影响研究[J]. 武汉大学学报(哲学社会科学版),2014,67(2): 94-101.
[13] 罗英,王越. 强制性抑或自愿性:我国碳标识立法进路之选择[J]. 中国地质大学学报(社会科学版),2017(6): 93-104.
[14] 裘晓东. 各国/地区碳标签制度浅析[J]. 轻工标准与质量,2011(1): 43-49.
[15] 裘晓东. 国际碳标签制度浅析[J]. 大众标准化,2011(1): 47-51.
[16] 帅传敏,吕婕,陈艳. 食物里程和碳标签对世界农产品贸易影响的初探[J]. 对外经贸实务,2011(2): 39-41.
[17] 徐清军. 碳关税、碳标签、碳认证的新趋势,对贸易投资影响及应对建议[J]. 国际贸易,2011(7): 54-56.
[18] 周丽红. 中国Ⅲ型环境标志研究[D]. 长春:东北师范大学,2014.
[19] Arthur E. Environmental labelling programmes: International trade law implications [J]. Kluwer Law International, 1997, 13(1): 1-5.

[20] Cohen M, Vandenbergh M. The potential role of carbon labeling in a green economy [J]. Energy Economics, 2012(34): 53-63.

[21] International Organization for Standardization (ISO). ISO/TS 14067: 2013 Greenhouse gases-carbon footprint of products requirements and guidelines for quantification and communication[S]. Switzerland: International Organization for Standardization, 2013.

[22] Tan M, Tan R, Khoo. Prospects of carbon labelling-a life cycle point of view[J]. Journal of Cleaner Production, 2014 (72): 76-88.

[23] U. S. Environmental Protection Agency. Determinants of environmental certification and labeling programs [C]. 1994.

[24] Upham P, Dendler L, Bleda M. Carbon labelling of grocery products: Public perceptions and potential emissions reductions[J]. Journal of Cleaner Production, 2011, 19(4): 348-355.

[25] Zhao R, Liu Y, Zhang N, et al. An optimization model for green supply chain management by using a big data analytic [J]. Journal of Cleaner Production, 2017, 142: 1085-1097.

第3章　碳标签相关领域研究进展

本章将系统梳理碳标签相关领域研究进展，主要包括碳标签与气候变化、碳标签与碳足迹、碳标签与企业社会责任、碳标签与ISO质量认证、碳标签与低碳产品和碳标签与贸易壁垒。通过总结这些议题的国内外研究进展，有利于进一步把握碳标签研究的重难点，为进一步深入研究打下坚实的基础。

3.1　碳标签与气候变化

工业化发展以来，各国为发展本国经济而对自然资源与生态环境造成严重破坏，化石燃料的消费释放出大量的温室气体，使全人类陷入气候变化的威胁中，严重影响人类的可持续发展。第六次评估报告指出，2011—2020年，全球地表温度比1850—1900年高出1.1摄氏度，陆地温度上升更为明显，为1.59摄氏度（IPCC，2022）。研究表明，人类活动是造成温室气体排放的主要原因，而温室气体排放又导致了全球变暖（Skamp et al.，2013）。其中，消费对于碳排放增加以及导致气候变化的影响不容小觑（张纪录，2012）。由于消费所产生的碳排放量在碳排放总量中的比例不断上升，通过消费端来降低碳排放已成为必须关注的重要问题（孙华平和陈丽珍，2014）。

在此背景下，碳标签应运而生。2006年，世界上第一个碳标签倡议由英国的"碳信托"公司（Carbon Trust）推出。碳标签的使用旨在使消费者关注产品选择对温室气体排放的影响，帮助其识别低碳产品（Kimura et al.，2010）。通过碳标签改变消费行为具有巨大的减排潜力，一项关于英国居民对碳标签认知的研究显示，一年内如果每周购买20件低碳商品，可降低5%的个人碳排放量，购买40件低碳产品，可降低10%的个人碳排放量（Upham et al.，2010）。实施碳标签制度成为消费者以气候友好的方式行事的重要选择（Onozaka et al.，2015）。随着公众对气候变化和碳排放意识的增强，各国政府正在积极考虑开发一种实用且有意义的标准来减少温室气体排放（Wu et al.，2014；Berners-Lee et al.，2011）。

从消费端来说，碳标签作为一种能够引导消费者选择低碳产品的工具，有利于缓解气候变化。碳标签产品具有较大的市场需求，年轻人尤其倾向于购买碳标签产品。从生产端来说，消费者对低碳绿色产品的消费偏好倒逼企业改进技术与工艺流程，降低产品生产过程中的温室气体排放（Gadema and Oglethorpe，2011）。具有更低温室气体排放量的碳标签产品可提升消费者的支付意愿，从而促使供应链上下游企业提升减排意愿（柯丽芬和张庭溢，2019）。此外，企业参与碳标签制度建设可以发挥出巨大的减排潜力。企业通过碳足迹盘查来增强碳排放来源的透明度，进而识别出哪些环节产生了较多的碳排放，并提出针对性的改善措施，以实现减少二氧化碳排放的目的（裘晓东，2011）。董博等（2017）在分析中国茶叶供应链不同环节运行特征的基础上，设计出了一款集成系统，通过此系统可实现对不同环节碳排放量的有效计算与监控。

碳标签引领低碳消费的四重逻辑包括：销售产品的碳排放占碳排放总量的比重大；通过对产品全生命周期碳排放量的计算可以识别碳减排的关键环节；碳标签增加了消费者选择低碳产品的机会；碳标签有利于企业对利益相关者展现企业的减排承诺（张露和郭晴，2014）。总的来说，碳标签是在全球变暖背景下一种帮助人们向低碳生活方式转变的减排工具。

3.2 碳标签与碳足迹

碳标签的兴起与碳足迹密不可分。“碳足迹”一般用于表征产品或服务在其生命周期内直接和间接的温室气体排放(Matthews et al., 2008),一般用二氧化碳当量(CO_2-eq.)表示,以区别于一般的碳排放概念。在碳足迹核算的系统边界和所包含的温室气体种类方面,不同学者有不同的看法(张琦峰等, 2018)。如有学者认为碳足迹是产品或服务在生命周期内的二氧化碳排放量(Wiedmann and Minx, 2007);有学者认为碳足迹是指最终消费及其生产过程中所产生的所有温室气体排放量(Hertwich and Peters, 2009);有学者认为应当将土地利用和地表反射率等因素考虑在内,主张碳足迹是特定时空下生产和消费以及土地利用等导致的温室气体排放量之和(Peters, 2010)。碳足迹主要有两种:第一种是计算产品中的碳足迹,即在产品或服务的整个生命周期中温室气体的排放量(Schaefer and Blanke, 2014),包括二氧化碳、一氧化二氮、甲烷等温室气体,涉及产品的采购、制造、运输、消耗和废物处理的全过程;第二种是计算公司的碳足迹,包括公司物理边界内的各类温室气体排放和产业链相关环节的排放(Van Amstel, 2008)。在实际运用中,碳足迹分为三大范围。其中只包含企业内部的直接排放,称为范围一;企业外购的电力和蒸汽生产过程中的排放,称为范围二;而我们通常所说的产品碳足迹不仅包含范围一和范围二,还包含原料供应链生产过程的排放,称为范围三,即生命周期全过程的碳排放。

随着碳足迹在世界各国中被广泛使用,碳标签应运而生。2006 年,英国碳信托公司赋予碳标签“可以反映该产品致力于减少碳足迹的标志”的定义。与此同时,有学者提出碳标签是“将产品生命周期的温室气体排放量在产品标签上用量化的指数标示出来,以标签的形式告知消费者产品的碳信息”(Post, 2006)。提出类似定义的还有 Wiedmann and Minx (2007)。还有学者指出,碳标签是“反映产品生产过程相关的二氧化碳信息的标签”(Tan et al., 2014)。我国学者指出,所谓碳标签是为了缓解气候变化,减少温室气体排放,推广低碳排放技术,把商品在生产、供应和消耗整个生命周期过程中产生的温室气体排放量在产品标签上用量化的形式标示出来,以告知消费者产品的碳信息(胡莹菲等,2010)。综上可以发现,碳足迹、量化和标签指示是构成碳标签概念的三个关键词,也即碳标签是碳足迹的量化指示,是碳足迹所表达具体内涵的标签载体。碳标签往往不是强制性的,而是依靠向消费者提供商品碳排放信息这一路径助推消费者选购低碳产品,鼓励企业进行低碳生产。

不仅碳标签的定义与碳足迹息息相关,碳足迹的核算也是碳标签重要的技术支撑。一般来说,产品碳标签制度的建立往往分为两个步骤(张雄智等, 2017),第一步是要明确碳足迹的核算方法,探索制定产品生命周期内碳排放量的核算标准;第二步是要建立起碳标签制度的整体制度框架,包括核算、核证与颁发,以及咨询服务机构或者第三方认证机构的确定。由此可见,碳足迹核算方法是碳标签制度得以推行的技术保障,对于碳足迹核算方法进一步探索,有助于推动建立科学、统一的碳标签体系。

有关碳足迹的核算方法有三种,分别为IPCC清单因子法、投入产出分析和基于生命周期评价(LCA)。清单因子法使用IPCC编制的国家温室气体清单以及对应的排放因子来计算温室气体的排放量,其关键在于确定各类温室气体对气候变化的贡献程度,采用全球暖化潜值进行量化(张琦峰等, 2018)。该方法数据获取方便,计算过程简便,但难以计算隐含的间接碳排放。投入产出分析旨在反映各部门初始投入、中间投入、总投入与中间产出、最终产出、总产出之间的关系,是中宏观层面碳足迹核算的主要方法,但存在计算方法困难、数据获取滞后等问题。LCA是一种自下而上基于过程的分析方法,强调对产品“从摇篮到坟墓”全过程所涉及的环境问题进行评价，分为定义的目标与范围、清单分析、综合影响评估和结果解释等四个步骤(Finkbeiner，2009)。自“碳足迹”概念提出以来，LCA已成为微观层面特别是产品尺度最主要的碳足迹核算方法(丁宁和杨建新，2015)。因此，在碳标签制度的实践过程中，LCA已成为碳标签产品核算的常规方法。

碳标签的类型与是否明确标注碳足迹信息密切相关。从各国的实践来看，碳标签设计的图案主要分为非数值型标签和数值型标签(如图3-1所示)，前者仅提供认证标志，不具体标示碳足迹核算结果。非数值型标签的优点是能够简单明了地提示消费者产品的低碳环保性，而数值型标签能够给消费者提供更为准确和具体的温室气体排放数据。非数值型标签又可分为认证型标签和评级方案型标签两类，前者仅提供是否为低碳产品的认证，后者在认证的基础上进一步提供评级方案。认证型标签的优点是便于消费者快速区分高低碳产品，而评级方案型标签能更细致地对低碳产品的级别进行分类，使消费者感知更多低碳信息。

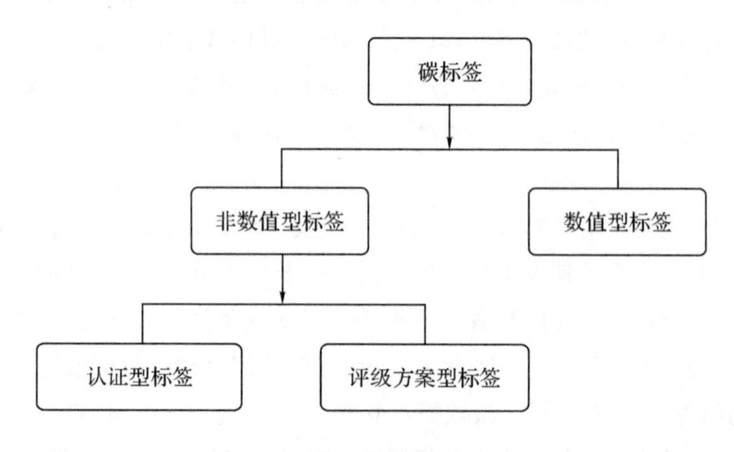

图3-1　碳标签分类

综上所述，碳标签这一概念的提出与发展无不与碳足迹紧密联系。碳标签是碳足迹的量化指标，碳足迹是碳标签的技术支撑。同时，数值型碳标签和非数值型碳标签区别又在于是否明确标注碳足迹信息。因此，谈碳标签离不开碳足迹，对碳标签制度的构建更离不开对碳足迹核算标准与技术的探讨。

3.3　碳标签与企业社会责任

企业是碳标签制度的重要参与者，也是碳标签制度的主要践行者之一。

碳标签制度的实行可以为企业带来经济利益(Shi，2010)。从供应链的角度来看，供应商参与碳减排投资后的利益大于仅有制造商投资碳减排的情形，且供应商与制造商的碳排放量也少于仅有制造商投资碳减排的情形，因此供应商和制造商共同参与碳标签计划可以促进整个供应链经济效益和环境效益的双重提升(申成然和刘小媛，2018)。有研究显示，假定消费者具有环保意识，零售商与制造商通过成本分担和批发价格溢价合同可以提高制造商的减排率，并提高整个供应链的利益。因此，碳标签制度对于企业乃至整个供应链而言，可以带来更多的经济利益。

企业是社会的产物，企业应当对社会的期望作出回应。与此同时，企业行为会对社会和环境产生影响。因此，企业也需要对社会和环境负责任。欧盟所认可的企业负责任行为是在企业自愿的基础上，将对社会和环境的关切融入商业运作过程(钱洁，2008)。企业的契约精神决定了企业的责任对象，对特定利益相关方，企业责任分为法律义务、道德责任和共赢责任(李伟阳和肖红军，2011)。而社会的权利与义务匹配逻辑是从责任的一般理论进行论述，特定主体承担责任的根源在于拥有相应权利。社会对企业的压力是从社会管理的角度要求企业进行相应性质的生产行为。企业对社会风险的管理在于企业防范丑闻，创造良好的企业名声，为此企业应进行负责任的生产行为。企业既需要有私人利润，还应该对公共利益进行服务。埃尔金顿的“三重责任”模型，提到企业应该保证盈利目标、社会目标和环境目标三者的综合平衡。企业的最大化社会福利是对企业存在的价值进行描述（李伟阳和肖红军，2011）。企业存在的价值就在于增进社会福利。在市场作用下，企业能够自发促进社会资源的更优配置，实现利润的最大化。

可见，碳标签制度也为企业承担社会责任和树立良好形象提供了机遇。从企业形象的角度看，碳标签为零售商和制造商提供了与消费者就绿色产品和服务进行沟通的机会，从而能够提升企业的整体形象。从企业社会责任的角度看，参与碳标签计划成为企业履行其社会责任的重要举措。企业虽是追逐私利的组织，但作为生存在公共空间中的社会主体，也需要承担相应的社会责任，如保护环境。百事可乐和可口可乐等主要的饮料品牌制造商就通过披露其制造产品和消费过程中的碳排放量，将碳标签作为履行其企业社会责任举措的一部分（Tesco，2012）。对于那些主要提供出口产品与服务的企业来说，为了应对碳标签所带来的冲击，企业通过评估其服务或产品生命周期的碳足迹来提高其绿色形象和市场竞争力（Vandenbergh et al.，2011）。

3.4 碳标签与 ISO 质量认证

从本质上来讲，碳标签是一种“对产品的碳使用效率进行合格评定的证明性标志”（邢冀，2009），在向消费者提供更多知情选择机会的同时助推企业更多地生产低碳产品。作为一种证明性标志，碳标签的来源与 ISO 质量认证紧密相关。

一方面，碳标签从属于根据 ISO 质量认证而分类的Ⅲ型环境标志。随着经济不断发展、生产力不断提高、公共环保意识不断增强和社会越来越重视产品的环境影响，涌现了希望得到更多关于产品环境影响信息的消费者,随之生产商在采购原材料时也希望得到更多供应商提供原材料环境影响的量化信息,由此Ⅲ型环境标志诞生了。与Ⅰ、Ⅱ型环境标志所针对的普通消费者不同,Ⅲ型环境标志主要是针对专业购买者。

1994 年,美国代表在国际标准化组织环境管理技术委员会/环境标志工作组(ISO TC207/SC3)的会议上最早提出构建Ⅲ型环境标志,其最初目的是通过提供产品的生命周期清单向消费者传达更详细的产品环境信息。1995 年,在 ISO TC207/SC3 汉城会议上,瑞典代表建议将环境产品声明提上议程,该建议得到了其他代表的充分支持,并决定由 ISO TC207/SC3 的第一工作小组负责产品环境声明的工作。1999 年 ISO 正式颁布了《环境标志和声明Ⅲ型环境声明原则与程序》(ISO/TR 14025)。2002 年 6 月,在瑞典等国的积极努力下,国际标准化组织正式将 ISO/TR 14025 转化为国际标准。2003 年 1 月,ISO 14025 国际标准草案起草完成。2006 年 7 月,《环境管理环境标志和声明Ⅲ型环境声明原则与程序》(ISO 14025)正式颁布(刘尊文等, 2009)。

到目前为止,全世界有十多个国家以 ISO 14025 为基础先后开展了Ⅲ型环境标志认证计划或Ⅲ型环境标志计划。欧洲国家开展Ⅲ型环境标志认证计划相对较多。如丹麦对化学品开展Ⅲ型环境标志认证计划;法国对建筑业开展Ⅲ型环境标志认证计划;德国对能源和交通行业开展Ⅲ型环境标志认证计划;挪威对纸和纸浆行业开展Ⅲ型环境标志认证计划;瑞典对纺织品开展Ⅲ型环境标志认证计划等。在亚洲国家中,日本与韩国是开展Ⅲ型环境标志认证计划较为成熟的国家。为了推动Ⅲ型环境标志认证计划的发展和国际互认,一些Ⅲ型环境标志的国际合作组织也应运而生。其中,全球环境声明网络是影响力较大的组织。我国环境保护部环境认证中心于 2007 年加入了全球环境声明网络。作为该组织的一员,环境保护部环境认证中心积极筹备开展国内Ⅲ型环境标志认证的研发。

Ⅲ型环境标志诞生的背景、内涵和其致力于解决的问题与碳标签有异曲同工之妙。首先从背景来看,Ⅲ型环境标志与碳标签都诞生于公众对环境关注不断加强的时期。21 世纪初，随着公众对气候变化和碳排放关注度的增强，各国政府积极考虑如何开发一种实用且有意义的标准来减少温室气体排放(Berners-Lee, 2011)。正是在这一过程中，碳标签应运而生。从内涵来看，Ⅲ型环境标志旨在提供一个量化的产品性能和环境信息的数据清单，从而为消费者选择提供更多知情信息，对企业低碳生产提出更高要求。同样，碳标签旨在以标签的形式告知消费者产品的碳信息，将Ⅲ型环境标志提供的环境信息进一步标识为碳信息，是对Ⅲ型环境标志的细化。从其致力于解决的问题来看，宏观上，Ⅲ型环境标志与碳标签都希望推动建立一个拥有“绿水、青山、蓝天”优良环境的社会，两者有着一致的目标；微观上，碳标签针对的问题更为细致，也即更为具体的二氧化碳排放的问题，Ⅲ型环境标志则关注广泛的环境问题。

另外，碳标签依赖于各类低碳评价标准的技术核算，如温室气体排放报告标准(ISO 14064)和产品碳足迹评价的国际标准(ISO 14067)。下面将对上述两种标准的内涵及其与碳标签的关系进行介绍。

2006 年 3 月，国际标准化组织环境管理技术委员会正式发布了 ISO 14064 标准，该标准旨在提供一套透明且可核查的要求，帮助组织量化、监测、报告及核查其温室气体排放，并帮助组织寻求潜在的减排或增加清除的机会(刘正权和陈璐, 2010)。该标准共分为三个部分，分别为 ISO 14064-1：2006 年《温室气体——第一部分：在组织层面温室气体排放、消减、监测和报告指南性规范》，ISO 14064-2：2006 年《温室气体——第二部分：项目的温室气体排放和削减的量化、监测和报告规范》和 ISO 14064-3：2006 年《温室气体——第三部分：温室气体声明验证和确认指导规范》，就温室气体在组织和项目的量化、报告以及验证和审查程序做出了规范。随之，该组织于 2007 年开始着手制定产品碳足迹评价的国际标准(ISO 14067)，并于 2013 年 5 月以“技术规范”方式正式公布为 ISO/TS 14067：2013。该标准专门针对产品碳足迹的量化和外界交流而制定，分为量化(ISO 14067-1)和沟通(ISO 14067-2)两部分。ISO 14067 标准的颁布，为推动全球范围内使用 LCA 进行产品碳足迹核算、交流与比较，促进低碳采购与消费市场的建立起到积极的作用。

3.5　碳标签与低碳产品

"低碳经济"一词最早见于 2003 年的英国政府文件——能源白皮书《我们能源的未来：创建低碳经济》，提出以低能耗、低污染和低排放为基础的经济发展模式，其核心是能源技术和减排技术的创新、产业结构和制度创新及人类生存发展观念的根本性转变。在世界各国普遍追求低碳经济的时代，低碳产品成为通向低碳经济的必经之路。

低碳产品，一般是指在产品的整个生命周期中的设计、生产、运输、销售、使用和回收等各个环节降低温室气体排放（赵燕伟等，2013）。碳标签产品与低碳产品既有区别，又有联系。从联系看，产品的低碳性能通常与多因素关联，如碳足迹评估、拆卸回收分析、结构模块重用、可维修性和环境评价等。其中的碳足迹评估很大程度上可以通过碳标签来实现。从区别来看，在某些国家的实践中，加贴碳标签的产品不一定是低碳产品，这源于碳标签种类的多样性。碳标签可以分为数值型标签和非数值型标签，非数值型标签是经过第三方权威认证机构认证其产品的碳足迹低于市场平均水平后予以颁发的（如英国的碳信托），因此这类碳标签产品往往是低碳的。数值型标签仅标注产品的碳足迹数值而没有进行比较认证，因此这类碳标签产品并不一定是低碳的。

从效果来看，碳标签作为低碳产品的认证，可以推动消费者对低碳产品的购买。大部分研究均表明，消费者愿意购买碳标签产品。有学者通过随机电话访问欧洲 15 岁及以上的 26500 位消费者，研究其对可持续生产和消费的态度（Gibbon，2009）。结果表明，47％的受访者认为环境标签在其购买决策中扮演着重要角色；92％的受访者表示对碳标签有强烈的兴趣。一项对于乐购超市供应链的调研也呈现出类似的结果：消费者在关注气候变化的同时，也对所购商品的碳标签产生了浓厚的兴趣（Van Amstel et al.，2018）。一项跨地区的研究表明，85％的瑞典人愿意为环保支付较高的价格，80％的加拿大人愿意多付 10％的钱购买对环境有益的产品，77％的日本人只挑选和购买有环保标志的产品（陈利顺，2009）。同样地，通过对 6 个欧洲国家的调研发现，消费者对碳标签的支付意愿高达 20％，对于本地碳标签产品的支付意愿更高（Yvonne and Katrin，2018）。埃及消费者愿意为碳标签产品支付平均 75 磅的埃及币（Mohamed，2016）。由此可见，在实际消费者市场中，碳标签作为低碳产品最有力的直接证明，能够引起广大消费者的兴趣，推动更多潜在消费者购买低碳产品。

从我国的实践来看，低碳产品认证管理制度可为试行碳标签制度提供经验借鉴。2009 年 6 月，中国标准化研究院和英国标准协会在北京共同主办了 PAS 2050 中文版发布会，以推动碳标签制度在我国的试点工作。2009 年 11 月，在江西南昌召开的首届世界低碳与生态经济大会高层论坛上，环保部表示将以中国环境标志为基础，探索开展低碳产品认证。2010 年 9 月，国家发展和改革委员会、国家认证认可监督管理委员会组织召开"应对气候变化专项课题——我国低碳认证制度建立研究"启动会暨第一次工作会议，标志着我国低碳认证制度的研究全面启动。2013 年 2 月，国家发展和改革委员会印发《低碳产品认证管理暂行办法》，推出了统一形式的低碳产品认证标志（如图 3-2 所示），这一举动表明我国政府重视建立碳标签制度对于低碳社会、经济发展和国际贸易的重要意义。2014 年 6 月 27 日，首批获得低碳产品认证的四类企业共 28 家公司均突出了低碳标准的要求。2020 年 1 月，由中国碳标签产业创新联盟、中国电子节能技术协会、中国低碳经济发展促进会联合主办的首届碳标签年会在北京举行。目前来看，我国低碳产品认证在建筑建材类和家用电器类产品中使用较为普遍，而在日用品、食品等领域则较少涉及。

图 3-2　我国低碳产品认证标志

图片来源:中国政府网

我国在低碳产品认证管理制度中对产品碳排放认证评价方法进行了适当的简化,提出了产品部分生命周期碳排放量化方法,根据产品特点和碳排放特征,结合企业和市场调研结果以及已有标准,分阶段制定低碳产品碳排放评价指标,并实施动态管理,确保了低碳产品认证制度的可操作性(闫冰, 2014),这也为今后碳标签制度的施行打下了良好的基础。但低碳产品认证并不是真正意义上的碳标签,对于该产品的具体碳排放量和环境信息,消费者并不知晓。低碳产品认证是探索建立碳标签制度的第一步,继续探索建立我国真正意义上的碳标签制度势在必行。

3.6　碳标签与贸易壁垒

与发达国家相比,大多数发展中国家的碳标签仍然处于起步阶段,发达国家与发展中国家之间碳标签发展的不平衡很有可能使发展中国家遭遇新的贸易壁垒。与中国对外贸易有着密切联系的发达国家,如美国、加拿大、法国、日本和韩国等考虑到自身环境问题均启动了碳标签计划(Liu et al., 2016)。碳标签具有私人自愿性特征,可能会成为一种国际贸易中的“非关税壁垒”(MacGregor, 2010)。发达国家出于贸易保护主义,可能将碳标签作为新的进口标准,排除没有得到碳标签统一认证的产品,从而打击碳标签制度尚未确立的发展中国家的出口贸易。中国目前在国际贸易产品的生产与运输环节中存在大量温室气体排放，具有较高的碳足迹，而生产环节正是大部分制造业产品密集排放温室气体的一环（康丹，2018）。事实上，在国际市场，绿色供应链已形成了新的准入门槛（余运俊等，2010）。

因此，如果我国再不实施碳标签计划，将导致我国出口商品在目标市场的竞争中失去优势，甚至被挤出发达国家市场（尹忠明和胡剑波，2011）。于是，国内许多学者将碳标签与国际贸易壁垒联系起来，吴洁和蒋琪（2009）、孙滔（2011）和戴越（2014）通过分析国外碳标签的实践情况，指出碳标签将演化成一类新型贸易壁垒。

从宏观角度来看，短期内，发达国家若增设碳标签制度贸易壁垒，将会削减中国约 1/3 出口额。尤其是一些使用过程能耗较高、碳足迹较高但附加值较低的出口产品，碳标签制度会对其造成严重影响。出口企业加贴碳标签，就必须承担经济和时间成本，造成出口商品价格上升，削弱中国出口商品的价格优势，降低中国商品在国际贸易中的竞争力（李春景，2015）。

还有更多学者从我国的不同行业出发展开实证研究，指出由碳标签引发的贸易壁垒在不同行业客观存在。运用规范与计量的方法探寻了“食物里程”标识对国内农产品出口的影响。研究表明，从发达国家对我国出口农产品加贴食物里程标签来看，碳标签上标注的碳排放越多，贸易进口国将越不愿意购买，甚至出现限制或禁止进口此类产品的情形（简如洁，2012）。我国出口水产品将会面临此类贸易壁垒的挑战，销量和生产成本均会受到影响（张永坚等，2014）。与此同时，中国还是纺织品生产、出口大国，有研究从经济效应角度分析了碳标签制度对我国纺织品贸易短期内的阻碍（李舒言，2015）。以中国农产品为例，碳标签会使产品出口价格优势被削弱。加快建立完整的碳标签体系、发展低碳农业、降低产品依赖度是缓解贸易冲击的有效措施（张雄智等，2017）。

碳标签制度的建立,可以让政府在宏观上更为清晰地了解每个产业的温室气体排放贡献,有助于加快推进传统产业升级改造,提升中国在全球产业价值链中的地位。同时,消费者作为企业环保行为的"非正式监管者"之一,通过对绿色消费偏好造成市场压力,促进企业实施环保行为,实现向生产"高附加值"产品的转型升级(沈静和曹媛媛,2019)。

由此可见,不论是宏观层面还是微观层面,要规避"碳关税""绿色壁垒"可能对我国产生的影响(Yan and Yang, 2010),就必须加快建立切实可行的碳标签制度。

3.7　小　结

不论是学界研究还是实践进展,都在诸如碳标签与气候变化、碳标签与碳足迹、碳标签与企业社会责任、碳标签与 ISO 质量认证、碳标签与低碳产品和碳标签与贸易壁垒等领域取得了丰硕的成果。

从已有研究成果来看,在碳标签与气候变化领域:一方面,碳标签的诞生背景与气候变化息息相关,全球气候变化已经成为世界各国共同面临的生存与发展难题。亟须采取紧急行动来缓解温室气体排放以防止全球平均地表温度比工业化前水平上升 2 摄氏度以上。由此,碳标签应运而生。另一方面,碳标签作为一种能够引导消费者选择低碳产品的工具有利于缓解全球变暖。

在碳标签与碳足迹领域:碳标签是碳足迹的量化指标,碳足迹是碳标签的技术支撑。数值型碳标签和非数值型碳标签区分的标志又在于是否明确标注碳足迹信息。可见谈碳标签离不开碳足迹,对碳标签制度的构建离不开对碳足迹核算标准与技术的探讨。

在碳标签与企业社会责任领域:企业是碳标签制度重要的参与者,是碳标签制度的主要践行者。碳标签对于企业而言,既是机遇,又是挑战。

碳标签制度的实行可以为企业带来经济利益，为树立企业形象提供机遇；但对于以往高排放高能耗企业来说，碳标签的推行是对其技术和成本的一大挑战。

在碳标签与ISO质量认证领域：一方面，碳标签从属于根据ISO质量认证分类的Ⅲ型环境标志；另一方面，碳标签依赖于各类低碳评价标准的技术核算。

在碳标签与低碳产品领域：从概念来看，碳标签产品与低碳产品既有区别，又有联系。从现实来看，碳标签作为低碳产品的认证，可以推动消费者对低碳产品的购买；从我国对低碳产品认证管理的实践来看，低碳产品认证管理制度可以为碳标签制度提供经验借鉴。

在碳标签与贸易壁垒领域：碳标签正从一个公益性的标志变成一个商品的国际通行证，有可能成为国际贸易的新门槛。对于我国来说，不论是宏观层面还是微观层面，要规避“碳关税”“绿色壁垒”可能对我国产生的影响，就必须加快建立符合我国国情的碳标签制度。

未来研究可以将碳标签及其关联问题纳入统一的理论框架，关注具体案例的研究，使理论与实际紧密结合。此外，基于世界各国不同的国情，分国别探讨碳标签制度，也是未来研究的一个方向。

参考文献

[1] 陈利顺. 城市居民能源消费行为研究[D]. 大连：大连理工大学，2009.

[2] 戴越. 资源与环境约束下的产业结构优化研究[J]. 学术交流，2014(2)：126-129.

[3] 丁宁，杨建新. 中国化石能源生命周期清单分析[J]. 中国环境科学，2015，35(5)：1592-1600.

[4] 董博，陈光，张林. 基于云计算技术的茶叶供应链碳足迹研究[J]. 中国市场，2017(16)：180-181.

[5] 胡莹菲,王润,余运俊.中国建立碳标签体系的经验借鉴与展望[J].经济与管理研究,2010(3): 16-19.
[6] 简如洁."食物里程"标志对我国农产品出口影响研究[D].南昌:江西财经大学,2012.
[7] 康丹.企业产品碳足迹核算及碳标签制度设计[D].西安:西安理工大学,2018.
[8] 柯丽芬,张庭溢.碳标签政策对供应链减排决策行为的影响[J].福建工程学院学报,2019(17): 95-102.
[9] 李春景.碳标签制度对中国出口产生的贸易效应分析[J].商业经济研究,2015(20):20-22.
[10] 李舒言.碳标签制度对我国纺织品贸易的经济效应研究[D].苏州:苏州大学,2015.
[11] 李伟阳,肖红军.企业社会责任的逻辑[J].中国工业经济,2011(10): 87-97.
[12] 刘正权,陈璐.低碳产品和服务评价技术标准及碳标签发展现状[J].中国建材科技,2010(S2):69-78.
[13] 刘尊文,岳文淙,李明博.国外Ⅲ型环境标志发展概况[J].中国环保产业,2009(10): 60-63.
[14] 钱洁.欧盟企业社会责任的研究及其启示[D].上海:上海交通大学,2008.
[15] 裘晓东.碳标签及发展现状[J].节能与环保,2011(9): 54-58.
[16] 申成然,刘小媛.碳标签制度下供应商参与碳减排的供应链决策研究[J].工业工程,2018(21): 72-80.
[17] 沈静,曹媛媛.全球价值链绿色化的概念性认知及其研究框架[J].地理科学进展,2019,38(10):1462-1472.
[18] 孙华平,陈丽珍.碳排放影响中美农产品贸易的实证研究[J].宏观经济研究,2014(2): 137-143.

[19] 孙滔. 碳标签——贸易保护主义的新措施[J]. 生产力研究，2011(12)：172-173.

[20] 吴洁，蒋琪. 国际贸易中的碳标签[J]. 国际经济合作，2009(7)：82-85.

[21] 邢冀. 关于在我国开展低碳标志工作的探讨[J]. 中国环境管理，2009(3)：13-15.

[22] 尹忠明，胡剑波. 国际贸易中的新课题：碳标签与中国的对策[J]. 经济学家，2011(7)：45-53.

[23] 佘运俊，王润，孙艳伟，等. 建立中国碳标签体系研究[J]. 中国人口·资源与环境，2010，20(S2)：9-13.

[24] 张纪录. 消费视角下的我国二氧化碳排放研究[D]. 武汉：华中科技大学，2012.

[25] 张露，郭晴. 碳标签推广的国际实践：逻辑依据与核心要素[J]. 宏观经济研究，2014(8)：133-143.

[26] 张琦峰，方恺，徐明. 基于投入产出分析的碳足迹研究进展[J]. 自然资源学报，2018，33(4)：696-708.

[27] 张雄智，王岩，魏辉煌，等. 碳标签对中国农产品进出口贸易的影响及对策建议[J]. 中国人口·资源与环境，2017，27(S2)：10-13.

[28] 张永坚，王萍萍，纪建悦，等. 碳标签对我国水产品出口贸易带来的挑战及其应对研究[J]. 海洋开发与管理，2014，31(2)：107-110.

[29] 赵燕伟，洪欢欢，周建强，等. 产品低碳设计研究综述与展望[J]. 计算机集成制造系统，2013，19(5)：897-908.

[30] 周丽红. 中国Ⅲ型环境标志研究[D]. 长春：东北师范大学，2014.

[31] Berners-Lee M，Howard D，Moss J，et al. Greenhouse gas

footprinting for small businesses—the use of input-output data[J]. Science of Total Environment, 2011, 409(5): 883-91.

[32] Brunner F, Kurz V, Bryngelsson D, et al. Carbon label at a university restaurant label implementation and evaluation. Ecological Economics[J], 2018(146): 658-667.

[33] Finkbeiner M. Carbon footprinting—opportunities and threats[J]. The International Journal of Life Cycle Assessment, 2009(14): 91-94.

[34] Gadema Z, Oglethorpe D. The use and usefulness of carbon labelling food: A policy perspective from a survey of UK supermarket shoppers[J]. Food Policy, 2011(36): 815-822.

[35] Gibbon P. European organic standard setting organisations and climate-change standards[C]. Paris: OECD Global Forum on Trade and Climate Change, 2009.

[36] Hertwich E, Peters G. Carbon footprint of nations: A global, trade-linked analysis[J]. Environmental Science & Technology, 2009, 43(16): 6414-6420.

[37] IPCC. Climate Change 2022: Impacts, Adaptation and Vulnerability[R]. Cambrige: Cambridge University Press, 2022.

[38] Kimura A, Wada Y, Kamada A, et al. Interactive effects of carbon footprint information and its accessibility on value and subjective qualities of food products[J]. Appetite, 2010(55): 271-278.

[39] Liu T, Wang Q, Su B. A review of carbon labeling: Standards, implementation, and impact[J]. Renewable and Sustainable Energy Reviews, 2016(53): 68-79.

[40] MacGregor J. Carbon concerns: How standards and labelling

initiatives must not limit agricultural trade from developing countries[J]. Agriculture and Trade Series-Issue Brief，2010(3).

[41] Matthews H，Hendrickson C，Weber C. The Importance of Carbon Footprint Estimation Boundaries[J]. Environmental science and Technology，2008，42(16)：5839-5842.

[42] Mohamed M. Egyptian consumer's willingness to pay for carbon-labeled products：A contingent valuation analysis of socio-economic factors[J]. Journal of Cleaner Production，2016(135)：821-828.

[43] Onozaka Y，Hu W，Thilmany D. Can eco-labels reduce carbon emissions? Market-wide analysis of carbon labeling and locally grown fresh apples[J]. Renewable Agriculture and Food Systems，2015(31)：122-138.

[44] Peters G. Carbon footprints and embodied carbon at multiple scales [J]. Current Opinion in Environmental Sustainability，2010，2(4)：245-250.

[45] POST. Carbon footprint of electricity generation[R]. Parliamentary Office of Science and Technology，2006.

[46] Schaefer F，Blanke M. Opportunities and challenges of carbon footprint，climate or CO2 labelling for horticultural products[J]. Erwerbs-Obstbau，2014(56)：73-80.

[47] Shi X. Carbon footprint labeling activities in the East Asia summit region：Spillover effects to less developed countries [R]. Economic Research Institute for ASEAN and East Asia，2010(6).

[48] Skamp K，Boyes E，Staisstrifet M. Beliefs and willingness to act about global warming：Where to focus science pedagogy

[J]. Science Education, 2013(97): 191-217.

[49] Tan M, Tan R, Khoo. Prospects of carbon labellin -a life cycle point of view[J]. Journal of Cleaner Production, 2014 (72): 76-88.

[50] TESCO. Product Carbon Footprint Summary[C], 2012.

[51] Upham P, Dendler L, Bleda M. Carbon labelling of grocery products: Public perceptions and potential emissions reductions[J]. Journal of Cleaner Production, 2010(1-8).

[52] Van Amstel M, Driessen P, Glasbergen P. Eco-labeling and information asymmetry: A comparison of five eco-labels in the Netherlands[J]. Journal of Cleaner Production, 2008(16): 263-76.

[53] Vandenbergh M, Dietz T, Stern P. Time to try carbon labelling[J]. Nature Climate Change, 2011(1): 4-6.

[54] Wiedmann T, Minx J. A definition of carbon footprint[R]. ISAUK Research Report 07-01, 2007.

[55] Wu P, Low S, Xia B, et al. Achieving transparency in carbon labelling for construction materials—lessons from current assessment standards and carbon labels[J]. Environmental Science and Policy, 2014(44): 11-25.

[56] Yan Y, Yang L. China's foreign trade and climate change: A case study of CO2 emissions[J]. Energy Policy, 2010, 38 (1): 350-356.

[57] Yvonne F, Katrin Z. Consumers' preferences for carbon labels and the underlying reasoning. A mixed methods approach in 6 European countries[J]. Journal of Cleaner Production, 2018, 178(3): 740-748.

第 4 章 国外政府与社会组织低碳实践

本章将系统梳理国外政府及社会组织在碳标签制度领域的相关实践。其中，英国是世界范围内第一个引入碳标签制度的国家，其社会组织碳信托的认证流程非常值得我国学习借鉴。美国是目前推出碳标签种类最多的国家，美国能源署和环保署共同推出的“能源之星”计划被多个国家采纳。法国碳标签制度的推广模式是自上而下的，并通过国民议会以立法的形式确立下来，使得碳标签制度具有一定程度的强制性。德国碳标签制度由气候标志演化而来，属于低碳批准类碳标签。日本碳标签制度的建立基于一定的政治背景，同样遵循自上而下的模式。韩国的碳标签制度包括生态标签、环境自律系统和产品环境声明书制度三类。

本章通过对上述不同类型国家政府和社会组织碳标签制度实践的梳理，以期呈现国外政府及其社会组织较为全面的实践现状（表 4-1、表 4-2），为我国碳标签制度的发展提供经验借鉴。

4.1 英 国

碳标签源于 1976 年英国关于“食物里程”的讨论，英国也成为世界范围内第一个引入碳标签制度的国家（Guenther et al.，2012）。

2001 年，英国碳信托公司（Carbon Trust）成立，该公司属于由英国能源及气候变化部进行资助的营利性信托基金公司，其本质上是一家私营企业，主要负责推广和管理碳标签制度，该制度属于气候变化税一揽子方案中的一部分，目的在于提高公共事业部门和商业部门能源资源利用效率，降低温室气体排放，推进低碳经济发展（胡剑波等，2015）。2004年，碳信托公司为企业和公共部门组织制定了专门的碳排放管理计划，提供了测算、管理和减少碳排放的框架，并定义了与碳减排相关的术语。2006年，碳信托公司开始推行"碳减量标签"制度，鼓励一些英国企业率先在消费类产品上加贴碳减量标签，开启了碳标签制度的先河。碳减量标签不仅包括产品碳足迹数值，还包括企业的碳减排承诺。该制度一经推出，便得到了英国广大消费者的响应。2007年，碳信托公司正式推出了世界上第一个碳足迹标签，为企业的碳测算、减排和碳中和工作提供第三方证明。该标签由碳足迹数值、黑色的足迹标识和碳信托公司标识三部分组成。与碳减量标签不同的是，碳标签仅展示产品的碳足迹，并不要求企业标注碳减排承诺。同年，碳信托公司在全球开展第一批碳标签产品的试行与推广，包括洗发水、薯片和牛奶等消费品。随后，一些大型零售商逐渐回应该制度，包括Tesco（英国最大连锁百货）、可口可乐在内的20家企业的75种商品于2008年开始贴上碳标签，其标注内容为产品在生产、运输和配送过程中所产生的温室气体排放量（均转化为二氧化碳当量）。碳标签图案元素包含碳信托公司认证、标有二氧化碳当量的足迹图案、企业减排承诺和碳标签网址。

如今的英国碳标签制度已涵盖2500种以上的产品，占比最大的是食品和快消品等产品，其认证主要基于PAS 2050（产品与服务在生命周期内的温室气体排放评估规范）和温室气体核算体系（GHG Protocol）标准，其中PAS 2050是世界上第一个用于产品和服务的温室气体标准碳足迹会计标准（Guenther et al.，2012），认证范围包括所有B2B、B2C产品，涵盖食品、服装和日用品领域，还包括其他的服务、供应链和组织。除碳减量标签制度之外，英国还实施了"质量保证计划"，以碳抵消认证作为碳标签标示内容。在第三方评估与认证方面，英国碳信托联合英国环保部与乡村事务部委托英国标准协会研究制定碳标签量化与认证标准。

英国碳标签制度具有自愿性的，由碳信托公司通过宣传鼓励企业加入。2007年，英国环境部发起自愿性倡议，鼓励商家在生产、运输的产品上加贴碳标签。尽管只是自愿性倡议，同样得到了许多英国商家的支持与响应。同年，英国最大的零售商乐购宣布加入碳标签计划。英国特易购公司也积极响应碳标签制度，独自承担印发上百万份碳标签宣传单的成本。

从英国碳标签制度发展的历程来看，其碳标签制度包括碳减量标签与碳标签两类，大多基于企业自愿，政策方向由政府主导，但具体实施由碳信托公司承担，政府在其中起到引导和政策支持的作用。由此可见，英国碳标签制度的成功离不开政府、企业、社会组织和公民等多元主体的相互协调和配合。

这里将重点介绍英国碳信托这一咨询公司。它是英国政府担保成立的独立咨询公司，致力于帮助公共部门和私人减少碳排放，推动低碳创新，加快英国低碳经济转型进程。由于碳信托公司的成立有英国政府的担保，因此保证了其作为第三方机构在消费者心目中的客观性与中立性。在企业自行申报碳足迹后，碳信托公司对认证产品生命周期内的碳足迹进行认证，并与市场主导产品进行比较，公开相关结果，如果待认证产品生命周期内碳足迹远低于目标区域市场主导产品的碳足迹，则待认证产品获得碳标签。

具体认证流程：

(1)政府对第三方认证机构进行授权，给予第三方认证机构产品碳足迹认证的资格，以此保证碳标签认证流程的权威性与统一性。

(2)企业向第三方认证机构提出认证申请，并提交相关的产品生产信息，如生产原料、配方、工艺、周期和预售区域等。

(3)第三方认证机构组织专门的市场调研小组，对该产品预销售区域进行市场调研，识别出该区域最受欢迎或销量最高的同类产品，并对其碳足迹进行评价与核算，得到主导产品碳足迹 C_0。由于市场具有动态性，主导产品的碳足迹评估工作需定期进行，并更新 C_0。

(4)第三方认证机构组织专家组，根据企业提供的产品生产信息以及专家组实地调研的情况对产品进行碳足迹评价与核算，得到产品碳足迹 C_1。

(5)通过比较主导产品碳足迹 C_0 和碳足迹 C_1，决定是否对企业颁发碳标签认证证书。若 C_1 低于 C_0，则证明该企业所生产的产品相较于市场上主导同类产品更加低碳，可以标注碳标签；若 C_1 高于 C_0，则说明该企业所生产的产品相较于市场上主导同类产品并未更加低碳，因而无法标注碳标签。

作为全球领先的碳足迹咨询和认证机构，碳信托已经为超过 27000 种独立产品进行了碳足迹认证。在碳中和方面，碳信托一般根据 PAS 2060 进行机构、产品和服务的碳中和认证。PAS 2060 是国际公认的碳中和认证规范，其设定了通过量化、减少和抵消温室气体排放量实现特定产品服务或组织碳中和所需要满足的条件。该规范由英国标准化协会开发，碳信托也参与了开发，具体认证流程如下：

(1)对各类组织、场地和活动的碳中和情况进行认证。碳信托能够证明各类组织、场地和活动是经过可靠的碳足迹测算、承诺减少排放、制定减排计划以兑现其承诺的。同时，经过认证的碳汇或碳信用额度能够抵消其剩余碳足迹。

(2)产品碳中和认证。碳足迹证明产品通过上游自然碳汇(如植物、土壤、海洋和大气等)实现碳中和，或已经根据其年度排放量的价值购买抵消额度。对于使用抵消额度作为补偿的产品，还需要认证同比减少排放的承诺，并制定相关计划说明如何兑现减排承诺。产品上可以使用证书标签证明其所获得的可持续性认证。

4.2 美 国

美国目前推出的碳标签制度主要有四种，是世界上碳标签种类最多的国家。第一种是2007年由非营利组织Carbon Fund推出的Carbon Free碳标签，属于碳中和类碳标签，碳中和并非指产品或服务在其生命周期中不产生温室气体的排放，而是指通过其他途径使温室气体的排放被中和，从而实现产品或服务的无碳化，这是美国碳标签制度的鲜明特征。该碳标签提示消费者，产品已经通过评估，确定不会对气候变化产生影响。其主要采用的是PAS 2050、GHG Protocol和ISO 14044标准，覆盖到个体、产品、服务、活动及组织。第二种是2009年由非营利组织Climate Conservancy开发的气候意识标签，该标签基于LCA法进行计算，最后以刻度表示产品或服务的碳足迹结果，旨在提高消费者对产品碳排放的关注程度。第三种是2009年由美国加利福尼亚州推出的碳标签，其采用环境输入—输出与LCA的折中计算方法，主要应用于食品类产品。第四种是2009年由Conscious Brand开发的碳标签，用以表示产品的碳减排量。目前，不仅仅是非营利组织积极投入碳标签制度的推广，美国的一些大型零售业也积极响应碳标签认证系统。例如作为跨国公司的大型连锁超市沃尔玛，一方面与非营利组织和相关政府部门开展碳标签认证合作，另一方面对其上下游的供应商提出了有关碳标签认证的要求（胡剑波等，2015），为减少整个供应链的温室气体排放量而努力。然而，美国的碳标签制度仅在几个州推广实施，其中加州的实施效果最显著。美国目前尚未出台专门针对碳标签制度的法律法规，仅在2009年通过了两部低碳法案，分别是《低碳经济法案》和《美国清洁能源和安全法案》，使得碳标签制度的开展在一定程度上得到了法律支撑。

1992年，美国能源部和环保署共同推出“能源之星”计划（见图4-1），

表 4-1　主要发达国家碳标签制度发展情况对比

国别	标签	时间	组织	机构性质	计算方法	约束力	碳标签种类	范围
英国	碳减量标签	2007	Carbon Trust	营利性	PAS 2050、GHG Protocol	自愿型	碳分数和低碳批准类相结合	产品、服务、供应链、组织
美国	Carbon Free 碳标签	2007	Carbon Fund	非营利	PAS 2050、GHG Protocol、ISO 14044	自愿型	碳中和类	个体、产品、服务、活动、组织
	气候意识标签	2009	The Climate Conservancy	非营利	基于 LCA 法	自愿型	碳等级类	产品、服务
	加利福尼亚碳标签	2009	State of California	政府组织	环境输入—输出生命周期分析与 LCA 法的折中方法	自愿型	低碳批准、碳分数、碳等级	产品
	碳标签	—	Conscious Brand	非营利	未知	自愿型	碳等级类	产品
法国	多指标标签	2011	法国政府	政府组织	BPX30-323	强制型	碳等级类	产品
德国	碳足迹标签	2008	WWF Oko-Institute PIKTHEMAI	政府组织	ISO 14040、ISO 14044、PAS 2050	自愿型	低碳批准类	产品
日本	产品碳标签 碳足迹产品体系	2008 2009	经济产业省 日本政府	政府组织	TSQ 0010 《碳足迹系统指南》	自愿型	碳分数类	产品 产品、服务
韩国	二氧化碳低碳标签	2009	Korea Eco-Products Institute	公共非营利组织	ISO 14040、ISO 14064、ISO 14025、PAS 2050、GHG Protocol、韩国第三类环境声明标准	自愿型	碳分数和低碳批准类相结合	产品、服务

表 4-2　主要发达国家碳标签比较

国家	标签	标签标示内容	涉及产品或服务	碳标签图案
英国	碳减量标签	承诺未来削减量	食品、服装、日用品等消费类产品	working with the Carbon Trust™ 2.4kg CO2 per garment We have committed to reduce this carbon footprint
美国	Carbon Free 碳标签	制造商对企业社会责任的承诺	电力、食物、家用电器、办公用品、服装以及建筑材料	CERTIFIED Carbonfree Carbonfund.org
	气候意识标签	宣传产品或服务	—	CLIMATE CONSCIOUS PLATINUM
	加利福尼亚碳标签	二氧化碳排放量（CO_2e）	食品	101g CO2 CARBON LABELS.ORG
	碳标签	达到碳排放标准	—	—

续表

国家	标签	标签标示内容	涉及产品或服务	碳标签图案
法国	多指标标签	各类环境足迹	各类消费产品	 161 g CARBON counted.com
德国	碳足迹标签	衡量与评价碳足迹（CO_2 e）	电话、床单、洗发水、包装纸箱、运动背袋、冷冻食品等	 BERECHNET CO2 Fußabdruck www.pcf-projekt.de
日本	碳足迹产品体系	二氧化碳排放量（CO_2 e）	食品、饮料、电器、日用品等	 123g CO_2
韩国	二氧化碳低碳标签	承诺未来削减量	B2C 相关产品与服务	 100g CO2

图 4-1 能源之星计划标志

图片来源:美国能源之星计划官网

旨在更好地降低能源消耗、减少温室气体排放,是一项主要针对消费性电子产品的能源节约计划。该计划基于在线评估而对各类产品进行评级认证,使企业和消费者可以获取产品的能源效率信息。能源之星评级已经成为消费者和企业购买决策的重要参考依据。从发展历程来看,1992年,该计划在计算机和显示器上贴上标签,随后在1993年推出打印机标签。1994年,传真机被纳入能源之星标签产品类别。1995年,复印机、变压器、住宅供暖和制冷设备、恒温器、新房和商业建筑被添加到标签计划中。1996年,美国能源部同意与环保署共同使用能源之星徽标推广节能产品。美国能源部和环保署合作伙伴关系是开发和扩展能源之星的重要一步。美国能源部为冰箱、室内空调和洗碗机引入了能源之星标签。1996年,出口产品和隔热材料被纳入标签产品类别。扫描仪、多功能设备和住宅照明设备于1997年被添加到美国环保署的标签产品中。在1998年的清单中添加了电视和录像机,并在1999年添加了消费类音频和DVD播放器。现在,能源之星标签涵盖了30多种消费品类别。美国能源部和环保署继续研究产品和行业,以寻找新的机会,并根据需要更新现有产品的计划规格。评估的要素包括单位节能的潜力、库存量、周转率、行业接受度以及产品在消费者中的可见度。值得一提的是,1996年,美国环保署积极推动能源之星住宅计划,采用第三方评价的方式评估建筑物的能源使用效率，具有能源之星标识的建筑物往往比普通住宅要节能30%。该计划一经推出，便受到了美国消费者、建筑商和其他产业组织的广泛支持。从具体技术上来看，能源之星住宅计划使用住宅能源评价系统来确立住宅的能源效率分值。评估分值介于0～100分之间，其中样板住宅的分值为80分。与样板住宅相比，每降低5%的能耗，住宅能源评价系统评估分值就增加1分。从能源之星计划的实施约束力来看，所有计划下的项目均为自愿实施。因此发展到现在，能源之星计划不仅包括各类消费产品，还包括住宅等建筑品，已经覆盖超过50类产品种类，是美国当前应用较为广泛的节能计划之一。

与标准新设备的年度能耗相比，带有能源之星标签的典型产品可节省的比例如下(取决于产品类型)：办公设备30%～70%；消费电子产品20%～40%；住宅供暖和制冷设备10%～30%；住宅和商业照明灯具70%～90%；电器10%～50%。

美国能源部和环保署开展了许多不同类型的活动来推广能源之星计划，包括：(1)管理和推广整体能源之星品牌；(2)与市场参与者一起制定和更新特定产品的效率规格；(3)与其他国家和地方的能源效率计划合作；(4)承包商和建筑商销售培训；(5)为节能住宅和商业建筑发放建筑标签；(6)为消费者和产品最终用户开发和传播有关节能产品的信息；(7)与产品分销链中的零售商和分销商合作，推广节能产品；(8)为符合能源之星的产品安排优先融资；(9)开发软件工具以帮助购买者了解符合能源之星标准的产品的好处。随着市场的变化，能源之星计划也会随着时间的推移而发展，这为美国碳标签制度的推行积累了丰富的实践经验。

4.3 法 国

法国国民议会于2009年8月出台了《新环保法(一)》，其中一条便是要求产品的环境信息必须以各种可见方式公之于众。2010年7月，一项新环保法案获得通过，对消费者的环境信息知情权提供法律依据和保障。法案要求，企业应当竭尽所能，以任何可见、方便的方式，向消费者表明产品的含碳量以及生产该产品所消耗的自然资源总量，以便消费者评估产品对环境的影响从而理性选择购买。同年11月，法国政府颁布强制性法令，从2011年11月起，在法国销售的产品（消费品）必须公布碳足迹。与此同时，一些零售商和品牌也在供应链中推行低碳政策，或是对产品贴上碳标识，以便能够引领低碳潮流。由此可见，法国的碳标签制度在推行前就得到了法律支撑与保障，法国政府高度重视碳标签制度的发展。

具体来看，法国的碳标签制度由法国环境与能源管理署负责，并拟订施行纲要。在不违背原则性规定的前提下，法国标准协会负责对操作流程进行细化和具体规定。法国碳标签的认证标准为BPX30-323，内容庞杂，计算步骤较为复杂，由法国环境与能源管理署和法国标准化协会联合制定。其中，法国的超市巨头卡西诺（Casino）对自有品牌中的约3000种商品进行碳标签标注。其于2008年6月推出的"Group Casino Indice Carbon"碳标签，适用于所有卡西诺自售产品。卡西诺公司邀请约500家供应商参与了该碳标签计划，并为其提供了免费的碳足迹计算工具。据卡西诺公司统计，自该碳标签推出后，已减少了超过20万吨二氧化碳排放量。卡西诺公司的碳足迹标签以绿叶为基本形态，标注每100克该产品所产生的二氧化碳排放量，并告知消费者查看包装背面以了解更多信息。在包装背面，碳标签显示为一把绿色标尺，以不同的色块体现产品对环境的不同影响程度，从左至右影响程度不断增强，方便消费者大致了解该产品对环境的影响。该标签一般加贴于产品包装或在网站上进行展示。卡西诺公司除了自己积极响应碳标签制度外，还呼吁其他商家一起加入，免费为其提供计算工具。

综上，与英美等国不同的是，法国的碳标签制度的推广模式主要是自上而下，由国民议会以立法的形式确立下来，使得法国的碳标签制度带有一定程度的强制性。

4.4 德　国

德国的蓝天使标志是世界上历史最悠久的生态标志，根据保护对象的不同被分为健康标志、气候标志、水标志和资源标志（郭莉等，2011），碳标签主要是由气候标志演变而来。2008 年，德国政府正式推出德国产品碳足迹试点项目，由世界自然基金会、应用生态学研究所和波茨坦气候影响研究所共同推动，其目的在于为企业提供产品碳足迹评价与交流方面的方法与经验，进而降低二氧化碳排放量，倡导环境友好型消费。该项目还开展了产品碳足迹测量方面的国际标准研究，BASF，Dm-Drogeriemarkt，DSM，FRoSTA，Henkel，REWE Group，Tchibo，The Tengelmann Group，T-Home 和 Tetra Pak 等十家企业参加试点。2009 年，德国产品碳足迹试点项目正式推出碳标签，主要贴在参与项目的数十家企业的产品之上，其图案元素包括标有经过评价的碳足迹名称和足迹形象，以表示该产品的碳足迹已经通过评估。碳足迹的认证主要基于 ISO 14040/44 环境生命周期评价原则，以 PAS 2050 产品碳足迹方法标准作为指导。德国与其他国家碳标签制度的不同之处在于其属于低碳批准类碳标签，即以图表的形式来表示产品碳排放量是否低于某一标准，优点是便于消费者阅读、理解和接受碳标签所传递的信息；缺点是无法在标签中显示产品准确的碳排放数值，因而消费者也无法在标有碳标签的产品之间进行比较。目前，德国碳标签涵盖的产品主要包括电话、床单、洗发水、包装纸箱、运动背袋和冷冻食品等。实际上，德国碳标签制度的实践得益于较为先进的节能减排措施。例如，德国《城市购电法》规定，凡是新能源发的电，电网公司一律要收购，而且需要签订长达 15 年的固定电价合同，这些措施确保了德国新能源的发展，且对于投资者来说，投资新能源可能比投资化石能源更具有激励性。

4.5 日 本

日本碳标签制度的建立基于一定的政治背景。2008 年 6 月 9 日，日本首相福田康夫发表了题为“低碳社会与日本努力”的讲话，将应对全球变暖、解决资源短缺问题提上日程。随后，福田康夫提出应对全球变暖的对策，其中包括了促进低碳社会发展的制度革新、技术创新，以及人们生活方式的改变，这就是著名的“福田蓝图”。自 2008 年提出“福田蓝图”以来，日本的低碳行动就上升到了国家战略层面，由此拉开了日本低碳革命的序幕。

2008 年 4 月，日本经济产业省成立了“碳足迹制度实用化、普及化推动研究会”，旨在计算和标注出每项产品或服务从生产、使用、废弃等整个全生命周期所产生的温室气体排放量；同时成立了“二氧化碳排放量计算、显示与评价规则研讨会”和“碳足迹制度国际标准化对策委员会”作为相关的配套机制。8 月，日本经济产业省宣布日本将在 2009 年初推出碳标签计划。10 月，经济产业省发布了自愿性碳足迹标签试行建议，并建立了碳排放权交易制度。12 月，该制度确定了比较科学的二氧化碳排放量计算方法、碳标签适用商品、统一的碳标签图样等内容。札幌啤酒、永旺超级市场、罗森便利店与松下电器等企业均已加入该计划，在产品或服务中引入碳标签制度。参加的企业产品需要通过规定的计算标准来核算产品碳足迹并标注在标签上才能够获批进入市场。此外，日本政府对实施碳标签制度的企业开展问卷调查，并实时跟踪企业加注前后的成本变化、利润差异和技术改善状况等，以便对于碳标签制度实施的成效进行评估。同时，日本政府为加强低碳源头管理，设定以同类产品中能耗效率表现最佳的产品的能耗值作为标准值，并要求所有的同类产品在指定的时期内必须达到该标准。

2009年4月，日本公布了产品碳足迹的技术规范，详细标示了产品生命周期中每一阶段的碳足迹，揭示产品碳排放量。以薯片为例，从马铃薯的种植、加工、装配、运送到上架，直至包装回收和垃圾处理过程，每个环节中所产生的二氧化碳均需清楚说明，让消费者了解商品对环境的影响程度，并在环保理念的驱动下做出购买低碳产品的选择。该标签加贴于产品包装上或在销售点展示。从管理机构上来看，在日本碳标签制度建立过程中，政府起到了至关重要的领导作用，不仅对现有的法律进行修订，还积极制定新的法律，提供了有效的法律保障。日本政府还提供财税支持来大力推进企业碳标签改革，通过减少税收、财政补贴等多种手段来加快低碳经济的发展。从具体负责机构上来看，日本的碳足迹标签主要由日本经济产业省负责管理，第三方机构负责查验评价。

因此，日本的碳标签制度建立过程与其他国家有所不同，很多发达国家的碳标签制度往往是由非营利组织或企业率先开发，而日本目前的两种碳标签制度与英国类似，都是由政府部门为主导推动开发的，委托专门机构具体实施，企业自愿申请是否加注碳标签，政府给予政策支持的自愿型模式。这两种碳标签类型分别是产品碳标签和碳足迹产品体系。其中产品碳标签实行建议由隶属于日本中央省厅的经济产业省发布，旨在计算产品从生产到废弃全周期中所产生的温室气体排放量，并将碳标签体系的监督和评价工作交由第三方机构负责，覆盖了电器、饮料、日用品与食品等行业。两种碳标签类型的核算标准有所不同，产品碳标签是基于经济产业省发布的TSQ 0010碳标签准则来进行计算。TSQ 0010是根据日本国情，在参考国际标准和其他国家标准基础上发布的具有日本特色的碳足迹测试标准。它规定了产品碳足迹和标注规则，并详细地规范了不同阶段应收集的原始活动数据和次级数据，以及在不同阶段利用收集到的数据进行温室气体排放量计算的公式。碳足迹产品体系则以《碳足迹系统指南》为主要的计算标准。碳标签标注的内容不仅包括产品的碳足迹，而且标明了产品在各个生产环节中温室气体的排放比例。具体来看,日本产品碳足迹量化与标注体系的内容包括:(1)确定产品碳足迹量化的对象;(2)采用 LCA 核算产品碳足迹;(3)确定碳足迹的产品种类规制;(4)制定产品碳标签的三原则;(5)选择独立的第三方认证机构作为产品碳标签的审定机构(赵立华,2016)。

4.6 韩 国

韩国的碳标签制度来源于 1992 年建立的生态标签体系,该体系主要涵盖三种类型的标签,第一类为生态标签,表示产品生产者或服务提供者为降低对环境造成的损害而采取措施;第二类为环境自律系统,表示供应链中的制造商、进口商和分销商等在没有经过第三方评估机构认证的情况下宣称其产品的环境友好性;第三类为产品环境声明书制度,基于 LCA 计算产品或服务所消耗的自然资源或产生的温室气体、污染物等,并以数值标签的形式在产品中标注出来。韩国于 2008 年试点,2009 年正式推出的碳标签制度,采取的就是第三类生态标签。韩国的碳标签由韩国的公共非营利组织 Eco-Products Institute 推出,选出包括 10 项产品或服务碳标签,包括 Asiana 航空公司、Navien 燃气锅炉、Amore Pacific 洗发水、可口可乐、LG 洗衣机、三星 LCD 面板等,同时设立了这些产品项目的最低减排目标。韩国碳标签认证过程可分为两个阶段。第一阶段是当产品通过了第三方机构的碳足迹核算时,就会将核算结果以数值形式标注在产品的碳标签中;第二阶段是产品在第一阶段碳足迹核算后,可以进一步提出碳减排目标,目标完成后即可获得第二种碳标签,以表示其的确为环境友好型产品。韩国碳足迹的核算标准可分为四类,即 ISO 14040、ISO 14064 和 ISO 14025;PAS 2050;韩国第三类环境声明标准和 GHG Protocol 等其他相关协议标准。韩国碳标签目前已涉及约 145 种产品,其中非耐用类产品 99 种,非耗能耐用类产品 13 种,制造类产品 10 种，服务类 7 种，耗能耐用类产品 16 种，涉及的范围包括航空公司、电子产品、洗衣机、燃气锅炉和日用品等。此外，韩国的碳标签制度的建立也需要相关人才和技术的支撑，如对碳足迹稽核员进行培训，建立统一的国家生命周期盘查数据库等。

4.7 小　结

发达国家碳标签制度的实践经验值得借鉴，尤其在推广主体、认证标准、覆盖行业等方面。

1. 碳标签推广主体

首先，从研究比较发达国家碳标签制度发展的历程可知，碳标签制度的建立主要是由非营利组织推动，并且能够获得政府有关部门在政策、宣传等方面的支持。不难发现，几乎所有列举的发达国家所建立的碳标签体系都是自愿型的，这一特性也决定了以非营利组织为载体的非强制性推动优于以政府为载体的强制性推动。其次，仅仅依靠非营利组织或者政府力量不足以推动整个碳标签制度的建立，还需要企业的积极参与，尤其是一些大型零售商的加入，能够促进整个供应链的低碳化甚至无碳化。最后，从英国、日本和韩国的案例中可以得出，产品或服务的碳足迹需要第三方评估机构的监督与认证，从而保证碳足迹核算结果的准确性。

2. 碳标签认证标准

从国际层面来说，碳标签认证应用较多的国际标准主要是两种，一种是 PAS 2050 标准，该标准是目前唯一确定的、具有公开计算方法并使用最多的评价产品碳足迹标准，主要建立在 LCA 之上，评估产品或服务生命周期内温室气体排放量，英国、美国、德国和韩国等国家采用此标准。第二种是 GHG protocol 温室气体核算体系，该体系自 2008 年以来开发了两个新标准，一种为公司提供计算企业价值链温室气体排放的标准化方法，另一种计算产品整个生命周期的温室气体排放，英国、美国和韩国等国家采用了后者。有些国家开发了具有本土化特征的碳标签认证标准，如日本的 TSQ 0010 标准、韩国的第三类环境声明标准等。因此，从碳标签认证标准来看，不但要促进本国碳标签与国际制度接轨，还要在国际标准基础上探索开发符合本国国情的国内标准。

3. 碳标签覆盖行业

从列举的几个国家来看，碳标签制度主要覆盖日用品、食品或者家用电器等。一方面，基于消费行为对温室气体排放造成影响的事实，将碳标签应用于快消品可以有效引导消费者群体日常生活中的低碳消费行为。另一方面，在碳标签制度的试点阶段，选取生活用品和食品作为试点行业的成本相对低，且会对消费者的行为带来更广泛的影响。因此，在设立碳标签制度的试点行业时可针对日用品、食品等快消行业。

综上，从发达国家碳标签制度的实践来看，英国是全球最早推出碳标签的国家，此后美国、德国、日本、韩国等发达国家也纷纷推出了碳标签计划。碳标签制度的发起者既有政府公共部门，也有私营部门和非营利组织；认证标准既有国际标准，也有国内标准、地方标准和行业标准；推行方式以自愿型为主；推广行业主要集中在食品、生活用品、办公用品等领域。发达国家碳标签制度的实践为我国设计和推行符合我国国情的碳标签制度提供了重要经验。

参考文献

[1] 郭莉，崔强，陆敏. 低碳生活的新工具——碳标签[J]. 生态经济，2011(7)：84-86，94.

[2] 胡剑波，丁子格，任亚运. 发达国家碳标签发展实践[J]. 世界农业，2015(9)：15-20.

[3] 胡莹菲，王润，余运俊. 中国建立碳标签体系的经验借鉴与展望[J]. 经济与管理研究，2010(3)：16-19.

[4] 赵立华. 日本产品碳足迹量化与标注体系的特征分析[J]. 湖南工程学院学报(社会科学版),2016,26(3):20-23.

[5] Guenther M, Saunders C, Tait P. Carbon labeling and consumer attitudes[J]. Carbon Management, 2012(3): 445-455.

第5章　国外企业低碳实践

本章选取美国沃尔玛百货有限公司、英国玛莎百货有限公司、法国依云有限公司、美国埃克森美孚有限公司、印度塔塔集团和瑞士霍尔希姆有限公司作为国外企业低碳实践案例。美国沃尔玛百货有限公司设立的环境目标包含应对气候变化、实现可持续供应链以及减少浪费。英国玛莎百货有限公司通过“A计划”与消费者以及供应商合作，以应对气候变化、减少浪费、使用可持续原材料、进行道德贸易并帮助消费者过上更健康的生活方式。法国依云有限公司致力于通过降低矿泉水瓶的生命周期每个阶段的碳足迹来实现可持续发展。美国埃克森美孚有限公司则主要依靠设定目标、计划施行体系以及产学研合作这三大路径实现自身的低碳发展之路。印度塔塔集团在长期可持续性发展战略和具体产品的可持续设计方面具有先进性。瑞士霍尔希姆有限公司为了应对环境和社会挑战，试图在全球层面为建筑材料行业提供解决方案。通过对国外企业低碳实践的案例分析，总结经验，可以为我国企业低碳事业发展提供借鉴。

5.1　美国沃尔玛百货有限公司

美国沃尔玛百货有限公司（以下简称沃尔玛）从1962年美国阿肯色州的一家折扣商店，成长为世界上最大的零售商。截至2020年，沃尔玛在全球27个国家和地区开设了11500家商店，全球员工达220万人，客户量达2.65亿人。2020年，沃尔玛年收入达5240亿美元。如今，沃尔玛作为全球最大零售商，在全球可持续发展方面积极作出承诺并采取行动，提出了三个理想目标，即实现零浪费、使用 100% 可再生能源运营和出售对环境有利的产品。沃尔玛积极响应《巴黎协定》，是全球首家宣布基于科学研究设立目标以减少温室气体的零售商。与 2015 年相比，沃尔玛 2017 年度温室气体排放量减少了 6.1%；可再生能源的利用量大约能满足全球 28% 的电力需求；2020 年，沃尔玛有 36% 的电力来自可再生能源。

具体来看，沃尔玛设立的环境目标包含应对气候变化、实现可持续供应链以及减少浪费（如表 5-1 所示）。其中，应对气候变化主要分为温室气体减排目标、可再生能源利用目标和绿色金融目标。

表 5-1　沃尔玛环境目标

项目	目标
气候变化	与 2015 年的基准值相比，到 2025 年，沃尔玛运营部门将减少 18% 的温室气体排放
可持续供应链	到 2030 年，通过与供应商合作，将全球价值链中的二氧化碳排放量减少 10 亿吨
	到 2025 年，将使用 50% 的可再生能源供电
	到 2025 年，可持续地采购 20 种主要商品
	自 2019 年 2 月起，沃尔玛承诺与其美国自有品牌供应商合作
减少浪费	到 2025 年，在所有沃尔玛自有品牌产品中实现 100% 可回收、可重复使用或可工业堆肥的包装
	到 2025 年，保证至少 20% 的自有品牌包装在消费后可回收
	到 2022 年，在 100% 的食品和自用品牌包装贴上 How2Recycle® 标签

沃尔玛不仅专注于减少运营过程中的碳排放，还通过与供应商合作以减少整个供应链中的碳排放。沃尔玛认为，要减缓气候变化的影响就

需要采取集体行动，由于零售商的大多数温室气体排放都在产品的供应链中，而不是在商店和配送中心，因此，沃尔玛致力于通过支持供应商，在其运营过程中和整个产品供应链中实现大幅度的温室气体减排，并让更多的消费者参与到减排行动中。

“10亿吨减排计划”(Project Gigaton，以下简称 Gigaton)项目就是沃尔玛积极鼓励其供应商加入应对气候变化行动最好的例证。Gigaton 项目是一项全球性的活动，沃尔玛通过此项目邀请供应商加入其环境承诺，尤其是到2030年集体价值链减少10亿吨排放的减排目标。该项目由沃尔玛和世界野生动物基金会联合设计，并与环境保护基金、自然保护协会和可持续包装联盟合作，为供应商提供温室气体排放的测量方法、操作指导及实用工具，以帮助供应商减少温室气体排放。

该项目于2017年启动，加盟的供应商通过能源使用、可持续农业、废物回收利用、保护森林、包装和产品使用6个领域来设定目标并采取相应措施以减少温室气体排放。目前，已有1000多家供应商正式签约 Gigaton 项目。仅在2018年，就有382个供应商报告减少了5.89亿吨的温室气体排放，在该项目的前两年内即基本实现了10亿吨减排目标。

沃尔玛及其供应商在以下6个领域中作出承诺和采取行动。

1. 能源

沃尔玛鼓励供应商通过两种方式减少与能源有关的排放：第一，通过优化技术和提高效率来降低能源需求；第二，从使用非可再生能源过渡到使用可再生能源和温室气体零排放的能源。在2019年末，沃尔玛供应商已通过该项工作减少了约2520万吨的温室气体排放。沃尔玛“工厂能源效率计划”是促进供应链减排的一个实用性工具。通过该计划，沃尔玛促成了麦肯锡公司资源效率部署引擎的使用，该引擎是基于互联网的工具，旨在帮助供应商识别和确定减排项目的优先级。在2019年末，超过940家工厂加入了该引擎系统；活跃用户的报告显示，他们每年节省了超过2900万美元的运营支出，并减少了约2万吨的年度温室气体排放。

2. 减少浪费

工厂、仓库、配送中心和农场中的食物、产品和材料的浪费也是温室气体排放的重要来源，而减少和转移垃圾填埋场的废物可以提高运营效率并降低成本。因此，沃尔玛鼓励供应商减少其运营中的浪费现象，标准化日期标签，延长产品保质期，并鼓励消费者减少食物浪费。例如，沃尔玛基金会向世界资源研究所提供资金，以加快通过和实施《粮食损失与浪费议定书》。

3. 包装

Gigaton项目鼓励供应商通过减少不必要的包装、优化包装材料并增加包装的再回收利用来减少温室气体排放和浪费。沃尔玛针对塑料包装，作出了其美国自有品牌减少废物的承诺，这些承诺预计将影响大约3万件待售商品。这些承诺已取得相应进展：在2019年，超过800家沃尔玛自有品牌供应商签署了How2Recycle®标签（而2018年只有100家），超过1.6万个库存单位获得了How2Recycle®标签。

4. 农业

沃尔玛通过鼓励供应商优化农作物肥料，以促进2030年的10亿吨减排目标的实现，减少浪费的同时提高产量。供应商总计已在这些计划中投入了约1457万公顷的土地。此外，沃尔玛还支持在土壤健康合作组织中设立140多个示范农场，以帮助农民使用工具来识别、测试和衡量改善土壤健康的管理实践。

5. 保护森林

沃尔玛邀请供应商加入Gigaton项目，以减少森林砍伐、创新采购策略和优化技术使用。例如，Gigaton项目的参与者联合利华承诺将该项目作为其实现无森林砍伐供应链并实现减排的战略之一。

6. 产品使用与设计

产品设计师、制造商和品牌商有机会帮助消费者降低与消费产品有关的温室气体排放量,并同时为消费者节省资金。在 Gigaton 项目中,沃尔玛要求供应商致力于提高其产品在使用中的能效。沃尔玛已与供应商合作开发了有助于消费者减少温室气体排放的创新产品,例如与供应商合作推广 LED 灯泡。Gigaton 项目的参与者宝洁宣布,到 2030 年其运营过程和价值链将减少 5000 万吨的温室气体排放量。

未来,沃尔玛计划吸引更多的供应商,并扩大跨领域的 Gigaton 项目。从沃尔玛应对气候变化的实践中可以得到启示,大型零售商自身运营过程的减排空间是有限的,需要通过与供应商建立合作关系,联动整个供应链加入减排行动,进而实现产品全生命周期的大幅度减排。

5.2 英国玛莎百货有限公司

英国玛莎百货有限公司(以下简称玛莎百货)是英国最大的跨国商业零售集团,成立于 1884 年,目前已在全球 62 个国家和地区的 1519 家商店和 44 个线上购物网站销售高品质、高价值的自有品牌产品。其产品包括食品、服装和家居等,主营业务包含跨国业务、银行业务和能源业务。作为全英国最具盈利能力的零售商,玛莎百货积极承担企业社会责任。"A 计划"是玛莎百货于 2007 年 1 月推出的一项永续能源方案,列出了在 5 年内实现的 100 项承诺,其中有 29 项应对气候变化的目标,该项目的名称寓意"缓解气候变化没有 B 计划可言"。2012 年,他们将"A 计划"扩展到 180 项承诺,最终目标是成为全球最可持续的零售商。2014 年,该公司又启动了 2020 年"A 计划",其中包含 100 项新修订的承诺。"A 计划"的口号是:通过"A 计划"与消费者和供应商合作,以应对气候变化、减少浪费、使用可持续原材料、进行负责任贸易并帮助消费者选择更健康的生活方式。

玛莎百货在"A 计划"中提出三项主要的气候目标:一是实现碳中

和，即在 2012 年前使玛莎百货在全球的运营中实现碳中和。自该目标提出以来，玛莎百货已中和超过 200 万吨的碳排放量。2012 年，玛莎百货声称成为全球第一家实现碳中和的零售商，其使用的电力 100％来自可再生能源。二是以 2006 年作为基准年，到 2030 年将其全球业务的温室气体排放量减少 80％，到 2035 年减少 90％，这是玛莎百货基于全球变暖不超过 2 摄氏度测算的目标。三是以 2006 年作为基准年，到 2030 年将其供应链和客户的温室气体排放量降低至少 1330 万吨，超过 70％的食品供应工厂的能源消耗须减少 20％。英国玛莎百货的全球业务在 2019 年度的总排放量为 33 万多吨二氧化碳当量，与 2006 年度首次测量时的 64 万吨相比，已下降 47％。综合来看，玛莎百货在应对全球气候变化方面作出的行动措施已获得一定成效。

玛莎百货称其虽然在努力减少碳足迹，但还不能完全消除所有的温室气体排放，因此为了抵消无法避免的排放量，将通过投资高质量的减碳项目，在全球范围内支持社会减少温室气体排放。例如，投资再造林、恢复森林的项目，增强森林吸收二氧化碳的能力。除了致力于碳中和项目外，玛莎百货也在提高建筑物绿色效能方面作出了相应行动。自“A 计划”实施以来，玛莎百货不仅实现了电力全部来源于可再生能源的目标，还投入绿色能源的生产中，建造了英国最大的太阳能电池板阵列，每年产生的能量相当于为 1190 座房屋供电。2016 年，玛莎百货成立 M&S 能源协会，筹集资金在其线下商店屋顶上安装太阳能电池板。

英国玛莎百货不仅从自身运营中寻求减少碳排放的途径，并且与供应商紧密合作以减少碳排放。由于玛莎百货所供食品和衣服在原料种植、运输、制造和加工等环节都会产生大量的碳排放，玛莎百货致力于从源头减少碳排放。例如，在全球温室气体排放的 15％来源于森林破坏的背景下，玛莎百货与森林管理委员会、皮革工作组、可持续棕榈油圆桌会议和负责任大豆圆桌会议等组织合作，使其采购的棕榈油、大豆、牛和木材不会对森林造成破坏，以保护森林并确保其供应商符合低碳标准；玛莎百货还通过减少肥料用量来减少与棉花生产相关的碳排放。

消费者也是玛莎百货应对气候变化行动的重要合作者。作为最早鼓励消费者在较低温度下清洗衣服的公司之一，玛莎百货所售衣服上的标签要求消费者“思考气候变化：在 30 摄氏度水温下洗涤”，以减少能耗和碳排放。同时，通过与乐施会合作“Shwopping”计划，鼓励消费者提供不再使用的衣物，以便转售或回收。在减少食物浪费方面，玛莎百货通过改进产品标签和提供食物存储指南，帮助消费者减少食物浪费。此外，玛莎百货的能源业务可以为消费者提供 100%的可再生电力，目前该项业务已对全英国 90 多个社区的能源项目产生积极影响。

可以说，从“A 计划”启动以来，玛莎百货已大幅度降低自身运营的能耗，并积极采购可再生能源。玛莎百货制定了面向 2025 年的“A 计划”（表 5-2），作出了 16 项新的气候承诺。这些承诺中有些是对现有工作的扩展，也有些是新增的目标，例如在物流供应链中取消服装和居家产品的空运。

表 5-2　英国玛莎百货 2025 年“A 计划”中的气候承诺

序号	目标
1	到 2030 年，根据气候科学，我们的目标是与 2006 年度相比，将全球玛莎百货业务的温室气体排放量减少 80%，并计划到 2035 年将其减少 90%
2	到 2020 年，我们的目标是将英国玛莎百货运营的商店、办公室和仓库的能效相比 2006 年度提高 50%，相比 2015 年提高 60%
3	到 2020 年，我们的目标是将玛莎百货运营的国际商店和仓库的能源效率相比 2013 年度提高 30%
4	到 2025 年，我们的目标是与 2006 年度相比，到 2025 年和 2030 年将玛莎百货服装和家居用品在英国交付的燃油效率提高 40%，到 2030 年将投资回报率(ROI)提高 60%

续表

序号	目标
5	到2025年，我们的目标是与2006年度相比，到2025年将玛莎百货食品运送至英国的燃油效率提高20%，到2030年将ROI提高60%
6	到2025年，我们的目标是在英国所有由玛莎百货经营的商店中减少80%制冷气体的碳排放量
7	到2030年，我们的目标是在英国所有由玛莎百货经营的商店中替换制冷系统中的HFC
8	到2025年，将使用清洁和可再生技术灵活满足50%的英国房地产峰值能源需求
9	从2017年到2035年，全球范围内由玛莎百货经营的商店、办公室和仓库购买的100%电力源于可再生能源
10	到2025年，在英国由玛莎百货经营的商店、办公室和仓库采购的所有气体都将获得生物甲烷认证
11	至少到2025年，在全球范围内保持碳中和。同时，将制定战略确保到2022年实现碳中和，且供应链的参与者可以从我们的碳信用购买中受益
12	到2019年，将建立新的合作伙伴关系，以增进对可持续动物蛋白的理解和定义，并报告为执行调查结果而采取的行动
13	到2025年，将在20个面临气候高风险的商店中安装建筑面料解决方案，以提高抵御气候风险的能力
14	到2022年，所有的食品战略供应商都将被要求执行一项为期10年的战略性气候减缓和适应计划
15	到2030年，根据气候科学，供应链上下游间接产生的温室气体排放量将减少至少1330万吨
16	到2022年，将停止对服装和家居产品使用空运的运输方式

5.3 法国依云有限公司

美国达能集团于1978年成为第一个在美国和加拿大进口高级天然矿泉水品牌的公司。法国依云有限公司(以下简称依云)作为达能旗下公司,有着"One Planet, One Health"的品牌愿景,主张人类的健康与地球的健康息息相关。早在2015年联合国气候大会签署《巴黎协定》之前,达能集团就承诺到2050年实现全价值链的碳中和。

依云致力于通过在矿泉水瓶生命周期的每个阶段不断减少碳足迹来实现可持续发展。为了实现碳中和,依云明确了产品生命周期中关键的三个步骤,分别是测量温室气体排放、减少浪费的排放以及抵消温室气体排放的影响。

2017年,依云在美国和加拿大的产品被全球气候变化和可持续咨询公司英国碳信托认证为国际标准PAS 2060的碳中和产品。2020年4月20日,依云获得碳中和全球认证。

依云在实现碳中和过程中的关键举措包括:

1. 交通

通过优化和提高运输效率来减少对环境的影响。例如,卡车产生的碳足迹比火车高10倍,因此依云通过法国的火车将约75%的矿泉水瓶从法国的工厂运输到港口。依云与环境保护基金气候行动计划合作,以促进当地交通运输的碳减排,且为物流团队配备了碳计算器,可帮助将碳足迹纳入决策。

2. 包装

依云在其矿泉水瓶中增加了可乐瓶环保布面料(Recycled PET Fabric,以下简称RPET)含量,目前其塑料瓶均有25%是由RPET制成,1.5升规格的塑料瓶则有50%由RPET制成,且1.5升规格的矿泉水瓶实现了碳足迹在 1993—2018 年间减少了 17%的减排效果。RPET 是一种可再生塑料，与使用原始 PET 进行包装生产相比，使用 RPET 可降低 50%的温室气体排放。依云与北美闭环基金合作，以提高塑料瓶的收集和回收率，并促进循环经济。此外，依云正向全面使用可再生塑料努力。

3. *产品*

依云的瓶装厂有着一流的能源和环境管理系统，完全由可再生能源提供动力。依云在 2017 年就已实现了瓶装点的碳中和，这主要源于依云对装瓶设备进行了 2.8 亿美元的投资，实现了 100%由可再生能源供电，主要来自水力和沼气。其中水力发电用水移动涡轮机产生，涡轮机为发电机提供动力；沼气由有机物分解产生的甲烷组成，例如农业废物、肥料、植物材料、污水、绿色废物或食品废物。2015—2019 年，瓶装厂的碳足迹减少了 90%。此外，依云已经通过了可持续发展实践的 ISO 50001 和 ISO 14001 认证。

依云的碳减排措施离不开达能的"We Act For Water"项目。该项目明确提出以下目标：一是减少一半的原始塑料使用，实现到 2025 年，全球 50%的依云产品使用 RPET，欧洲 100%的依云产品使用 RPET；二是到 2025 年加速实现欧洲的碳中和；三是通过设立基金，到 2030 年帮助发展中国家 5000 万人口获得安全饮用水；四是加强全球水流域和湿地的保护；五是使其饮用水和饮料品牌能够获得全球公益企业认证。

5.4　美国埃克森美孚有限公司

美国埃克森美孚有限公司（以下简称埃克森美孚），成立于 1882 年，是世界上最大的非政府石油天然气生产商，其总部设在美国得克萨斯州爱文市。作为能源和化学制造业务的行业领导者，该公司在六大洲从事石油天然气勘探业务，同时研究和开发下一代技术，以安全可靠地满足全球能源和高质量化工产品不断增长的需求，应对气候变化风险和全球经济发展的双重挑战。

进入埃克森美孚的官网，映入眼帘的便是"埃克森美孚与全球清洁能源控股公司签署可再生柴油协议""发现了可捕获 90%以上工业二氧化碳排放量的新材料"，可见该公司致力于碳排放控制和研发新的可再生能源。尽管从目前来看，埃克森美孚尚未将自己的产品加贴碳标签，但其为低碳发展所作出的努力值得借鉴学习。

具体而言，埃克森美孚实现自身的低碳发展之路主要依靠设定目标、计划施行体系以及产学研合作这三大路径。

在设定目标方面，埃克森美孚率先对气候变化采取行动，制定了四部分的气候变化风险管理策略。首先是开发创新产品和技术，包括先进的生物燃料、碳捕集与封存、化学原料、天然气技术、燃料和润滑油以及新的能源效率流程。2018 年，埃克森美孚燃料通过了 ISO 14001 认证。其次是管控气候变化风险。这包括减少运营中的排放、提供产品以帮助客户减少排放和开发可扩展的技术解决方案。从减少运营中的排放来看，埃克森美孚力求以各种方式提高能源效率并减少排放。例如，2018 年，其在运营中使用的电力占净温室气体排放量的 10%以上。所罗门炼油行业称其为"全球最节能的炼油公司之一"。除了通过提高能源效率来减少排放，该公司还致力于减少运营中的燃烧、排气和泄漏排放。自 2000 年以来，埃克森美孚使用多种技术捕获并存储了 4 亿吨二氧化碳[①]，相当于同期约 5500 万户美国家庭与能源有关的二氧化碳排放量。在过去 10 年里，该公司还避免了 1.62 亿吨的温室气体排放。再次是参与气候变化政策。值得一提的是，埃克森美孚认为自身在制定《巴黎协定》中的解决方案方面可以发挥建设性作用。这源于埃克森美孚在技术方面长期的高投

① 即碳捕集与封存，通过该过程，来自电厂燃烧和其他工业源的二氧化碳被捕集、压缩并注入地下地质构造中，以实现安全、永久的固碳存储。

入。成功应对气候变化风险需要全球政府、企业、非政府组织、广大消费者和其他利益相关者的共同努力。因此，埃克森美孚与负责制定有效政策以应对气候变化风险的各种利益相关者合作，其中包括政策制定者、投资者、消费者、非政府组织、学者和广大公众。同时还通过与世界各地的贸易协会合作，鼓励共同采取合理的政策解决方案来应对气候变化风险。埃克森美孚还为各种组织和联盟提供支持。从具体成果来看，2018 年，埃克森美孚加入了“石油和天然气气候倡议”，这是一项自愿性全球倡议，全球 13 个最大的石油和天然气生产商共同寻求减轻气候变化风险。作为该计划的一部分，埃克森美孚将扩大对长期解决方案的投资，以减少温室气体排放，并加强与多方利益相关者的合作，以寻求更低排放的技术。此外，埃克森美孚于 2017 年成为气候领导委员会的创始成员。该委员会主要通过与商业领袖、政府官员和其他主要利益相关者团体合作，推广碳股息框架，并将其作为最具成本效益和最公平的气候解决方案。十多年来，埃克森美孚一直支持对整个经济运行所产生的二氧化碳排放收费，作为限制温室气体排放的有效政策机制。最后是对废气、废水和淡水的管理。

除了设定明确的目标，埃克森美孚的低碳发展之路还离不开其计划施行体系。一方面，埃克森美孚制定了完整的低碳发展路径并将其分为近期、中期和长期三个阶段。从近期来看，公司要求提高能效和减少化石燃料燃烧。从中期来看，公司采用热电联产并使用全球能源管理系统提高能源使用效率。从长期来看，公司希望通过使用天然气、油砂、微藻生物柴油、生物质和氢能等新能源从源头上减少能源排放，并利用碳捕获和封存技术减少碳排放。另一方面，完善的环境管理体系是其计划施行体系的重要支撑。首先是运营完整性管理系统（Operations Integrity Management System，以下简称 OIMS），该系统包含领导、运营和维护、社区关系、应急响应、事件调查、信息和文档等 11 个要素，提供了在各种情况下缓解风险的协议和指南。结合埃克森美孚的环境政策，OIMS 概述了严格的操作规范和设施设计要求，以减少对环境的影响并防止事故的发生。OIMS符合公认的环境标准,包括ISO 14001和美国化学理事会的Responsible Care的要求。其次是环境管理程序。埃克森美孚在产品整个生命周期中采用了结构化的环境管理流程(确认—评估—执行—风险管理—跟踪和再评估—应用),以确保有效地降低运营中的潜在环境影响。

此外,埃克森美孚能不断设定量化目标并贯彻执行,离不开广泛的产学研合作。自成立的40多年来,埃克森美孚与政府和学术机构一直保持着密切的合作。该公司每年在各业务领域的研发投入约10亿美元。自1988年IPCC成立以来,埃克森美孚就深入参与该组织。IPCC已将埃克森美孚的研究人员选为4份主要评估报告的作者。在与大学合作方面,埃克森美孚与世界各地超过80所大学进行了广泛的合作,包括与麻省理工学院、得克萨斯大学、斯坦福大学、普林斯顿大学、新加坡国立大学和南洋理工大学等。同时,埃克森美孚聘用了2万多名科学家和工程师。深入的学术合作和数量庞大的研究人员使埃克森美孚在产品和运营的技术研发上一直走在世界前列,发表了近150篇可公开获得的论文,近300项涉及减排和其他相关应用领域的技术专利。埃克森美孚还与美国能源部国家可再生能源实验室和国家能源技术实验室签订了协议,协议规定埃克森美孚公司在10年内投资1亿美元用于研究和开发先进的低排放技术。该协议是美国国家实验室与私营部门之间达成的最重要协议之一,将支持生物燃料、碳捕集与封存在运输、发电和工业各领域达到商业规模。此外,联合研究还将目光聚焦于减少燃料和石化产品生产的排放。最后,埃克森美孚还与全球多家在低碳生产方面技术领先的公司建立合作。其与全球恒温器和马赛克材料等技术公司就先进的碳捕集技术达成协议,并与国际商业机器公司(International Business Machines Corporation,以下简称IBM)达成协议,共同研究使用量子计算来开发下一代能源和制造技术。埃克森美孚是第一家加入IBM Q Network的能源公司,Q Network是一个全球性社区,致力于探索工业领域和科学领域的量子计算应用。

5.5　印度塔塔集团

印度塔塔集团是印度最大的集团公司，创立于 1868 年，总部位于印度孟买。其商业运营涉及非常广泛，包括通信和信息技术、钢铁、工程、材料、服务、能源、消费产品和化工产品等等。塔塔钢铁公司作为塔塔集团的主要公司，通过系统化的低碳转型战略在集团范围内推动低碳发展，已经取得了明显的成效。具体来看，塔塔钢铁公司的长期可持续性发展战略和在产品可持续发展方面的举措具有先进性，能为钢铁企业碳标签制度的施行提供借鉴。

首先，从长期可持续发展战略来看，在塔塔钢铁公司，可持续发展战略是其公司业务不可或缺的一部分，包括可持续发展政策、环境政策、气候变化政策、能源政策、生物多样性政策、企业社会责任政策和负责任的供应链政策等，可以分为管理层级、部门层级和外部参与层级。首先是管理层级，塔塔公司有两大审查机构：其一是安全健康环境委员会，负责每季度审查所有有关安全、健康和环境的绩效；其二是可持续发展委员会，负责审查组织的长期可持续发展战略的施行情况。这两大组织为塔塔公司下一步的可持续发展战略打下了牢固的基础。其次是部门层级，在这一级别中，各个不同类别的委员会都在审查可持续性和治理计划，其中委员会包括安全委员会、环境委员会、人力资源开发委员会、CSR 委员会、研发委员会、质量和生产委员会以及温室气体减排中心。这些委员会由公司高级领导团队主持，负责公司各部门在可持续发展层面的具体执行。最后是外部参与层级，塔塔公司的高级领导人积极参与各种有关可持续性问题的外部论坛，包括：(1)国际论坛：世界钢铁协会、联合国全球契约、世界经济论坛、全球报告倡议组织、国际论坛综合报告委员会、与气候有关的财务披露工作组和国际自然保护联盟；(2)国内论坛：印度工业联合会、能源与资源研究所和印度金属研究所。

在上述可持续发展战略的支撑下，塔塔公司认为负责任的环境绩效是集团业务战略的内在要素，而这些环境保护实践有助于其在行业中占据领导地位。2018—2019 财政年度，塔塔公司在环境管理方面的投入共为 28.6 亿卢比，重点放在排放、水管理、循环经济和生物多样性四个方面。

此外，塔塔集团对重大环境问题提出了应对举措，具体如表 5-3 所示。

表 5-3 塔塔集团应对重大环境问题的举措

重大问题	举措
可再生清洁能源	1. 利用清洁和可再生能源 2. 采用余热回收技术
废物管理	1. 从炼钢炉渣中回收和再利用金属 2. LD 炉渣的利用率接近 100% 3. 与各国政府和行业机构一起倡导建立废料利用网络
耗水量和废水排放量	1. 投资污水处理厂 2. 建立新的雨水收集结构
能源效率	通过过程优化计划(例如废热回收系统和副产物气体利用)提高能源效率
空气污染	购置空气污染控制设备以降低粉尘排放强度
供应链可持续性	将可持续性贯穿整个供应链
二氧化碳排放	在 Jamshedpur 工厂和 Ferro-Chrome 工厂试行碳捕集与利用，并评估印度所有地区的可再生能源潜力
生物多样性	采矿和开垦
循环经济	采用循环经济概念以最大程度地利用副产品

从产品可持续来看，塔塔钢铁公司正采取各种举措开发可持续产品。

钢铁行业的排放占全球排放量的6%～8%。塔塔钢铁公司结合印度的自主贡献承诺和部门要求,设定了一个宏伟的目标,到2030年将每吨粗钢的二氧化碳排放量降低到1.8吨。为了达成这一目标,塔塔公司在产品和技术两方面作出了努力。就其钢铁产品来说,塔塔钢铁公司所用的钢铁100%可回收,是世界上回收率最高的材料之一。塔塔钢铁确保用于制造产品的技术和流程必须进行资源优化并提高效率。值得一提的是,考虑到产品的各个生命周期阶段,塔塔钢铁公司使用LCA评估产品生命周期各个阶段的环境影响工具。塔塔钢铁公司认为开展对于LCA的研究有助于公司获取生态标签,识别环境热点,并通过产品相关的环境信息为客户和内部团队提供信息支持。2018年,塔塔钢铁公司下属的三大产品获得了CII绿色商业中心的Green Pro认证,这是印度第一批通过LCA认证获得生态标签的钢铁产品。

5.6 瑞士霍尔希姆有限公司

瑞士霍尔希姆有限公司(以下简称霍尔希姆)成立于1912年,总部位于瑞士乔纳,是世界领先的建筑材料供应商,主要服务于建筑工程相关领域,产品包括石膏板、水泥、商品混凝土、骨料和化学添加剂,并提供咨询服务与技术支持。作为建筑行业的领导者,霍尔希姆为了应对环境挑战,试图在全球层面为建筑材料行业提供低碳解决方案。

该公司在奥地利、加拿大和法国等地均推行了低碳产品和低碳解决方案。在奥地利的Retznei水泥厂,其建筑和拆除产生的废物均经过预处理并重新用于建筑。促进建筑材料的循环利用是减少全球温室气体排放的有效途径。在水泥制造过程中,废料可以通过替代传统化石燃料来减少间接排放,避免填埋或焚烧,一定程度上保护了土地资源。同时,使用再生骨料还可以减轻使用初级资源对碳足迹的影响。在其水泥的生产过程中，35%的废料得到了回收利用，另外35%的废料在道路和混凝土生产中作为再生骨料处理和使用，最后30%的废料用作采石场。在加拿大的工厂，霍尔希姆试图建立第一个全生命周期解决方案以捕获和再利用二氧化碳。碳捕集技术的发展是水泥制造过程中进一步减少碳排放的关键。对此，霍尔希姆提出了三条减排路径：(1)减少有机和无机水泥烟道中的物质；(2)从烟道中分离出二氧化碳；(3)二氧化碳再利用。对此，霍尔希姆与道达尔公司合作在加拿大启动了二氧化碳 MENT 项目，目的是建立全生命周期解决方案，以捕获和再利用水泥厂中的二氧化碳，减少温室气体排放。

同样进行碳捕集利用技术的还有霍尔希姆在法国的工厂。与奥地利、加拿大不同的是，霍尔希姆法国工厂将减排视角聚焦于混凝土材料，原因在于法国每年温室气体的40%来自建筑物运营，而由于建造新建筑而产生的20%的温室气体来自混凝土制造。因此，如何根据碳足迹和可回收材料率选择混凝土成了当下亟待解决的问题。对此，霍尔希姆开发出了 Lafarge 360 Design 这一数字模拟器用于设计低碳建筑结构工程。只需在该模拟器中输入建筑项目的不同选项(层数、房屋数量、地基类型和屋顶等)，模拟器会自动计算出混凝土结构工程。该模拟器提供了一种透明且易于使用的方法来选择符合可持续性标准的具体产品，其使用 ABCD 评分对混凝土进行排名，排名依据取决于碳还原率与再生材料共享。与100%熟料混凝土相比，新型混凝土材料的碳足迹减排程度为20%～60%，回收材料含量为8%～30%。

霍尔希姆在全球范围内根据各国国情采用不同的低碳减排方案，均取得了不小的成效。除了因地制宜的低碳发展路径，霍尔希姆还从各个方面致力于减少碳足迹。首先是提升能源效率。水泥生产是耗能的过程，因此公司对工厂进行了现代化改造以提高能源效率并降低生产成本，将每吨熟料的能耗从1990年的4623兆焦耳下降到2019年的3526兆焦耳，使公司成为全球能源效率最高的公司之一。其次是使用替代燃料。

霍尔希姆通过采用预处理的废物和低碳燃料来代替化石燃料用以运营水泥窑，从而降低水泥的碳强度。霍尔希姆有20%的能源来自替代燃料、低碳燃料和生物质能。在某些工厂的实际运营中，工厂已经通过替代燃料满足了90%以上的能源需求。这些替代能源不仅有助于减少整体二氧化碳排放，还可以将焚烧或垃圾掩埋的废弃物进行转移。再次是降低熟料强度。用矿物成分(其中很大一部分来自废料或其他行业的副产品)代替最终水泥产品中的熟料可以降低碳强度，从而减少碳排放。目前，霍尔希姆产品平均使用29%的成分来代替熟料。最后是使用可再生能源。2019年，霍尔希姆继续扩大可再生能源产品组合，为全球电力结构增加了相当于250兆瓦的清洁能源。公司还在整个生产工厂组合中优化了发电装置，如安装废热回收装置。目前已在4个国家和地区运营了5个废热回收装置，到2021年增加到12个装置。公司还通过安装风力涡轮机和太阳能电池板在工厂所在土地上生产可再生能源。2019年10月，公司位于美国俄亥俄州的站点建造的3台风力涡轮机开始每年向工厂输送1200万千瓦时电力，每年可以减少至少9000吨的二氧化碳排放。公司位于印度的水泥公司也投产了一家太阳能工厂。该工厂每年的发电量为11.5吉瓦时，可以减少8900吨的二氧化碳排放。此外，将水泥生产中的二氧化碳排放量减少到零还需要利用碳捕集技术。霍尔希姆正在与多个合作伙伴合作开展5个项目建设，这些项目的潜在碳捕获能力每年将达到200万吨二氧化碳。

5.7 小结

综上所述，百货零售企业美国沃尔玛和英国玛莎百货、矿泉水企业法国依云、石油企业美国埃克森美孚、钢铁企业印度塔塔和建筑企业瑞士霍尔希姆公司走出了一条符合企业自身特点的低碳发展之路。尽管上述企业的低碳实践各有不同，但低碳发展战略、LCA 和碳减排技术是其实践的三大关键词。首先，无论哪个行业的企业，均会制定一个颇具前瞻性的低碳发展战略。低碳发展战略能够将减排目标和路径融入企业的发展战略中，将企业的减排负担转化为低碳优势。同时，制定低碳发展战略也是企业向政府和社会公众披露相关信息的方式。其次，在低碳发展战略的指引下，LCA 成为各类企业核算碳足迹的主流方法。LCA 作为一种“自下而上”的碳足迹核算方法，旨在评估产品或服务“从摇篮到坟墓”的碳排放量。对于企业而言，采用 LCA 能够有效识别其生产过程中的重点排放环节，也能够为其产品或服务加贴碳标签提供数据基础。最后，先进的碳减排技术是企业低碳发展的重要保障。通过对碳减排技术的研发与应用，企业能够有效提升其低碳竞争力，并且能够较好地落实其低碳发展战略，有助于树立良好的企业形象。

第6章　国内政府与社会组织低碳实践

本章系统梳理广东省、上海市、北京市、江苏省、浙江省和粤港澳大湾区等地碳标签制度的相关实践。广东省作为全国碳标签制度的先行者，在低碳产品认证机制创新、低碳社区园区建设及“碳普惠”推广等方面有不少有益实践；北京市、上海市、江苏省和湖北省虽未明确建立碳标签制度，但在低碳城市规划、碳排放权交易市场建设、低碳标准制定等方面的实践都为碳标签制度的建立提供了宝贵经验；浙江省作为生态大省，其绿色产品认证体系走在全国前列，碳标签制度推行潜力巨大。本章还将引入中国低碳经济专业委员会和中国碳标签产业创新联盟为案例，具体介绍我国当前社会组织参与碳标签制度建设的现状。

6.1　广东省

2015年，广东省发改委委托中国质量认证中心广州分中心设计广东碳标签机制，这一机制主要包括三部分内容：一是支撑机制运行的文件体系，包括政策、技术、操作和平台四个层面；二是参与机制运行的各有关方及其角色；三是主要的运作流程。这三部分内容指引了广东碳标签机制的逐步建立与有效运行。此外，由该中心牵头制定的《产品碳足迹评价通则》也于2016年正式发布。

广东省是国内最早推进碳标签制度试点的省份，其有益实践主要包括以下方面：

1. 创新推进碳标签与低碳产品认证

在低碳产品的行业认证方面，广东已制定铝合金建筑型材料等绿色低碳产品的评价技术规范，并已通过国家认监委认定并对外发布。未来还将编制低碳产品认证实施方案，覆盖更多领域；在低碳产品的企业认证方面，广东省自贸区企业已率先试点推广低碳认证制度，并针对珠三角地区特别是自由贸易试验区的企业开展了绿色低碳产品认证培训等推广工作。

在低碳产品认证推广初有成效的基础上，广东省逐步进行碳标签的推广。目前，广东在造纸和纺织业制定了有关产品种类的碳标签规则，并选取部分企业开展了碳足迹评价试点，为碳标签认证做准备。此外，广东省还计划与更多区域、国家展开碳标签互认机制合作，不仅计划与香港开展碳标签合作，还探索与美国加州联合开展示范工作。

2. 低碳试点建设深入社区园区

“社区内的路灯、草地灯全部改为太阳能或LED灯，公共场所洗手池和不少家庭还安装了节水器，整齐划一的自行车驿站方便居民低碳出行……位于广州越秀区的都府社区近年进行了一系列低碳节能改造，其中仅改装LED灯年减排二氧化碳量就达到223吨。”（谢庆裕，2016）老社区焕发出了低碳新气象，而这正是广东省深入推进省级低碳城市试点和低碳社区试点示范工作的一个缩影。在低碳园区方面，广东省选取广东状元谷电子商务产业园、广东乳源经济开发区和深圳南山（龙川）产业转移工业园为省内首批低碳园区改造试点，经费投入已超过1500万元。未来，广东省还计划逐步扩大试点范围，基本建立起城市、城镇、园区、社区、企业和产品等多层次的试点示范体系。

3. “碳普惠”热

早在2015年，广东在全国率先启动碳普惠制试点，并将广州、东莞、中山、韶关、河源和惠州等6市纳为首批试点城市。广东省发改委提出，碳普惠制是指为小微企业、社区家庭和个人的节能减碳行为进行具体量化和赋予一定价值，并建立起以商业激励、政策鼓励和核证减排量交易相结合的正向引导机制。也就是说，碳普惠在本质上是一种对绿色低碳行为进行正向激励引导和行为改造的机制（刘航，2018），图 6-1 为碳普惠运行机制。减碳量来源有两种：一是注册用户自身节约水电气、乘坐公交车等低碳行为，碳普惠能够获得数据并计算出用户的减碳量，然后换算成碳币发送给用户。二是企业开展节能项目改造后碳排量会减少，这部分减碳量企业可以捐赠给碳普惠平台生成为碳币。碳币作为碳普惠网络平台的虚拟兑换券，由减碳量科学换算而来，并给碳普惠用户用于兑换低碳奖励。在广东，用户可以通过碳普惠网站、碳普惠手机 APP、微信公众号等多种网络平台使用碳普惠功能。

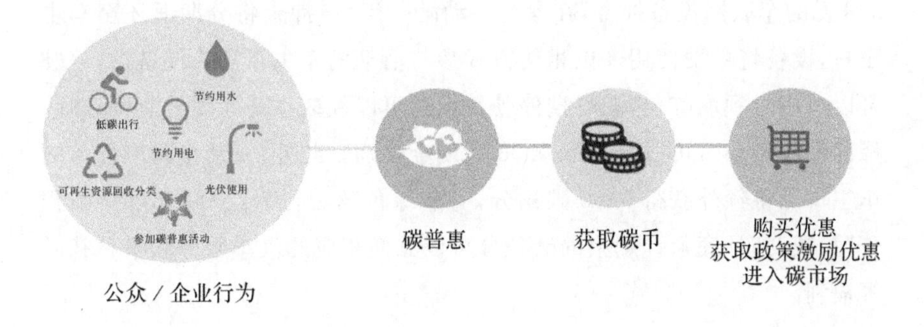

图 6-1　碳普惠运行机制

为推广碳普惠机制、协助推进试点工作，广东省于 2016 年 6 月设立了碳普惠创新中心，建立了碳普惠网站、APP、微信公众号等一系列碳普惠平台。碳普惠平台主要实现以下功能：(1)记录并核算用户减碳量，通过获取注册用户的相关低碳数据，自动折算成碳币发放给用户；(2)认证注册低碳联盟商家或组织，鼓励其用优惠、服务等换取公众减碳产生的碳币，履行减少碳排放的社会责任；(3)发布碳普惠的相关信息。

截至 2019 年 11 月 10 日，碳普惠平台共有会员 10198 人，低碳联盟商家 194 家，累计实现减碳量 7037 吨。

总的来看，碳普惠的推行同样有赖于碳足迹核算标准的制定。该机制极大激发了用户低碳生产生活的积极性，也为碳标签制度的全面推行奠定了社会基础。

其中，"车碳宝"是广州市推行碳普惠制度的一大实践。"车碳宝"鼓励用户停驶减排、绿色出行，致力于缓解城市交通拥堵和减少汽车尾气排放。车主们下载"车碳宝"APP，可以通过拍摄里程照片和租赁车联网设备两种方式参与减排活动。一是以拍照形式参与活动，车主可以随时拍摄仪表盘填写里程数，并于次月再次拍摄，每次成功拍摄即可获得 1000 碳积分。如果每月里程少于 1000 公里，便可以获得少开里程的现金奖励，每公里奖励 0.01 元。二是租赁设备参与活动，车主需要先期支付 598 元的车联网设备押金，在参与活动满一年后，押金将分期返还至车主账户，设备将免费使用。以租赁方式参与活动的车主在安装设备后，停驶可以按小时领取红包，高峰期停驶每小时可以领取 0.2 元现金奖励，非高峰期停驶每小时可以获领取 0.03 元现金奖励。此外，安装车联网设备的车主每月将额外获得 5000 碳积分，有非绿色驾驶行为会有相应的"碳积分"扣减，到月底累计剩余的碳积分可以兑换相应的汽车服务和平台礼品等福利。

"车碳宝"通过拍照和租赁设备并分期返还押金两种模式，使广大车主可以零门槛参与绿色出行，获得车辆减排奖励，这将大大提升公众的参与度，降低城市的机动车使用强度和污染排放，是解决交通拥堵"大城市病"的创新举措。同时，"车碳宝"的应用告别了传统的以"强制"+"约束"为特征的城市社会治理模式，转向尝试以"自愿"+"激励"为特征、尊重市民意愿的社会治理模式，体现了城市和市民之间的良性互动，是社会治理模式的创新。

在碳普惠制度试行的过程中，公民的认识和接受程度是该制度能否广泛推行的关键。笔者对此进行了问卷调查，调查对象是 90 名来自碳普惠试点的广东省广州、东莞、中山、惠州、韶关和河源等 6 个城市的居民。

问卷通过随机方式发出，信效度检验良好。通过量化他们对经济性和环保性的偏好以及对当地环保政策的知晓度、主观评价，探讨不同程度环保倾向性的居民在碳普惠政策方面的行为差异，具体问卷内容如下。

根据广东省碳普惠政策的相关落实情况，问卷设置了以下四个问题：

> Q1 假设某公司现在要推出一款新的产品，您认为应该注重经济性还是环保性？
>
> Q2 您在此前的生活中，是否了解广东省"碳普惠"政策？
>
> Q3 现在告知您，"碳普惠"是一项惠民政策，居民可以通过注册互联网平台，量化居民在生活中的一些"低碳""环保"行为，转化成"碳币"，用来兑换商品和优惠。您是否欢迎这样的政策？
>
> Q4 广东在 2015 年就开展了"碳普惠政策"的试点工作，覆盖了广州、东莞、中山、惠州、韶关和河源六个城市，请问这一政策与您的生活有无关系？

其中，每个问题都使用了(1—11)的评分机制，最高是 11 分，最低是 1 分。对于第一个问题，越偏好环保性则给分越高，即环保意识越高；对于第二个问题，越了解碳普惠则给分越高；对于第三个问题，越欢迎则给分越高；对于第四个问题，认为相关性越强则给分越高。从统计结果看，受调查的广东省居民样本群体无论是否具有较高的环保倾向性，都对碳普惠政策较为不了解，大多居民还认为广东的政策实行与自己无关，但却对碳普惠的政策模式普遍非常欢迎。因此可以发现，目前广东省对于碳普惠政策的落实、宣传尚不到位，民众对其认知度较低，应在下一阶段加大宣传力度。

从企业层面而言，笔者访谈了位于广东省的著名照明公司共 18 家，均来自 2018 年照明企业排行榜的前 30 名，它们分别是佛山照明、鸿利智汇、洲明科技、德豪润达、拓邦股份、勤上光电、万润科技、聚飞光电、国星光电、瑞丰光电、雷士照明、长方集团、奥拓电子、雪莱特、金莱特、三雄极光、雷曼股份和达特照明。调研结果表明，目前我国碳标签政策的推广进度并不理想，市场需求度较低，企业积极性不足，选取的18家广东省照明企业，没有一家在国内销售过带有碳标签的产品，甚至这些企业的销售经理对碳标签的存在都知之甚少。究其原因，主要有四点：(1)国内消费者的绿色低碳意识不强；(2)政策推行刚刚起步，效果还不明显；(3)碳标签的操作机制尚不完善；(4)企业的低碳竞争意识较弱。

碳标签的落地不仅要有顶层设计的政策导向和翔实准确的数据基础，还离不开低碳减排的社会氛围和清洁高效的生产方式做支撑。广东省以低碳产品认证和碳标签、低碳试点建设、碳普惠为核心的多层次低碳城市发展体系正是为碳标签的真正落地奠定了一定的制度基础，同时也应当看到该实践仍存在不足之处，尤其是企业参与的积极性亟待提升。

广东省深圳市、广州市作为国家首批低碳试点城市，积极探索低碳发展路径，逐步建立起多层次的低碳城市发展体系。本节以深圳市和广州市为例，探讨其碳标签实践现状。

6.1.1 深圳市

在低碳产品认证和碳普惠层面，深圳市一方面紧跟广东省的步伐，推进低碳产品认证与全面推行碳普惠制度，另一方面在低碳标准化程度上有着自身的创新。

2020年3月，深圳市市场监督管理局指出要“提高绿色低碳发展标准。完善碳交易标准体系，加快建设排污权交易、固体废弃物配额交易标准体系，建立符合国际通行规则的生态发展市场机制。探索建立低碳产品标识和认证制度，大力推动与国外碳标识体系的互认。建立健全绿色低碳考核指标体系，全面推进绿色建筑、绿色交通、绿色办公和绿色生活”。表6-1是深圳市现行有关低碳的标准化指导性技术文件。

表6-1 深圳市现行有关低碳的标准化指导性技术文件

标准化指导性技术文件编号	标准化指导性技术文件名称	发布日期	实施日期	标准状态
SZDB/Z 66-2012	《低碳管理与评审指南》	2012-09-19	2012-10-01	现行有效
SZDB/Z 69-2012	《组织的温室气体排放量化和报告规范及指南》	2012-11-06	2012-12-01	已修订(2018.11.15)
SZDB/Z 70-2012	《组织的温室气体排放核查规范及指南》	2012-11-07	2012-12-01	已修订(2018.11.15)
SZDB/Z 75-2013	《低碳酒店评价指南》	2013-04-10	2013-05-01	现行有效
SZDB/Z 76-2013	《低碳景区评价指南》	2013-04-10	2013-05-01	现行有效
SZDB/Z 166-2016	《产品碳足迹评价通则》	2016-01-22	2016-02-01	现行有效
SZDB/Z 308-2018	《低碳园区评价指南》	2018-06-22	2018-07-01	现行有效
SZDB/Z 309-2018	《低碳企业评价指南》	2018-06-22	2018-07-01	现行有效
SZDB/Z 310-2018	《低碳社区评价指南》	2018-06-26	2018-07-01	现行有效
SZDB/Z 311-2018	《低碳商场评价指南》	2018-06-26	2018-07-01	现行有效

6.1.2 广州市

广州市不仅在碳标签产品认证、低碳进社区和碳普惠三个方面都有着自身的建设成果，也探索出一条具有特色的低碳之路。

首先，广州市积极开展低碳调查研究，制定服务行业的发展规划。2013年，广州市政府加强与行业协会联系，通过对本地重点发展产业的深入调研，详细掌握广州市企业在低碳发展过程中遇到的实际困难，编制完成了《广州市纺织行业低碳发展情况调研报告》，为广州市重点行业制定未来低碳发展规划提供了参考。

其次，广州市推动成果试点应用，服务企业低碳管理。2011年，广州市标准化研究院与中国标准化研究院、广州市纺织行业协会合作，以纺织行业为切入点，开展并完成了纺织业碳盘查量化方法研究，形成了包括3

家本地龙头纺织企业的温室气体排放清单报告、纺织企业温室气体量化方法研究报告以及纺织企业温室气体排放量化工具等一系列研究成果，并努力推广成果应用，现场指导企业开展温室气体管理工作，建立温室气体管理体系，帮助企业构建起自己的温室气体管理人才队伍，为企业发展低碳经济提供建议。

再次，广州市推进成果标准化，服务省市低碳试点。在开展纺织业碳盘查量化方法研究的基础上，广州市总结经验，积极推动研究成果向地方标准转化。2012 年，广州市标准化研究院不仅顺利完成了广州市首份低碳地方技术规范《纺织工业企业温室气体排放量和清除量核算方法》的制定任务，而且在中国标准化研究院的大力支持下，成功申报了广东省首批 5 项低碳地方标准，通过标准化手段为广东省、广州市低碳试点工作提供技术支撑。

最后，广州市还跟踪国外低碳发展动态，服务企业出口贸易。广州市标准化研究院通过研究国外主要发达国家的低碳政策等战略布局，着手主导编撰《国外低碳发展战略研究系列丛书》。2012 年，通过与兄弟院所的合作，完成了 2012 年 10 月由 ISO 发布的 ISO/DIS 14067.2《产品碳足迹——量化与沟通的要求和指南》(标准草案版第二版)和 2011 年 9 月由英国标准协会发布的 PAS 2050《商品和服务在生命周期内的温室气体排放评价规范》(标准修订版)的专业翻译工作，形成了针对这两份标准的解读报告，在低碳经济新形势下，为企业抢占国际市场、扩大出口贸易提供理论参考。

综上，可以发现，在广州市的低碳探索中，广州市标准化研究院从标准制定到标准应用的全过程发挥了重要的作用。这启示我们要充分发挥标准化研究机构在低碳经济发展中的支撑作用，协助地方政府和本地企业探索出一条适合自身可持续发展的低碳标准化之路。

6.2　上海市

2017 年 4 月,以“建设低碳城市”为主题的“第二届绿色发展论坛”在上海社会科学院举行。在论坛上,学者们提出,上海碳足迹与经济增长已相对脱钩,在能源结构优化、产业结构调整和能效提升等多领域的努力下,上海的城市碳减排取得了一定成绩,单位 GDP 碳排放下降趋势明显。这与上海较为完善的碳排放权交易市场和全国领先的碳足迹核算标准息息相关。

1. 制定碳足迹核算标准

作为碳标签制度全面推行的重要技术支撑,碳足迹的核算在一定程度上决定了碳标签制度推行的现实可行性。2017 年,上海市质监局发布《产品碳足迹核算通则》和《资源综合利用产品评价方法和程序》地方标准,确立了上海市碳足迹标准编号和名称分别为《DB 31/T 1071—2017 产品碳足迹核算通则》和《DB 31/T 1072—2017 资源综合利用产品评价方法和程序》,自 2018 年 2 月起开始实施。由此,上海成为我国较早制定碳足迹核算标准的城市。

2. 上海市温室气体核算方法与报告指南

上海市早在 2013 年就正式开始实施《上海市温室气体排放核算方法与报告指南(试行)》,起草单位为上海环境能源交易所。该指南和行业核算方法的制定由上海市发展改革委员会组织上海市信息中心、上海市节能减排中心、上海市统计局、上海市经济和信息化委员会等相关政府机构、专业机构、行业技术专家及部分试点企业,在国家碳排放核算领域专家的指导下共同完成,是国内正式印发的首个系统性企业层面碳排放核算方法标准。该指南对企业温室气体排放报告提出“方法科学、数据透明、格式一致、结果可比”的要求。上海市温室气体排放核算和报告的基本流程如图 6-2 所示。

3. 碳足迹核算程序

2018 年 2 月 1 日，上海正式实行《产品碳足迹核算通则》和《资源综合利用产品评价方法和程序》两项标准计划。首批纳入上海市 2018 年碳排放报告与核查及排放监测计划制定工作的企业包括中国石化上海石油化工股份有限公司、中国石化上海高桥石油化工有限公司、宝武炭材料科技有限公司(原上海宝钢化工有限公司)、科思创聚合物(中国)有限公司等 65 家企业，主要涵盖材料、化工、制造、航空和能源等行业，尚未涉及纺织、生活用品和食品等行业。首批试点企业根据《上海市温室气体排放核算方法与报告指南》的要求，核算并报告其 2018 年温室气体排放量及相关数据，同时制定并提交排放监测计划。在企业配合核查审核的环节中，上海市生态环境局将组织第三方核查机构对企业年度排放报告进行核查，对监测计划内容进行审查(参见图 6-2)。

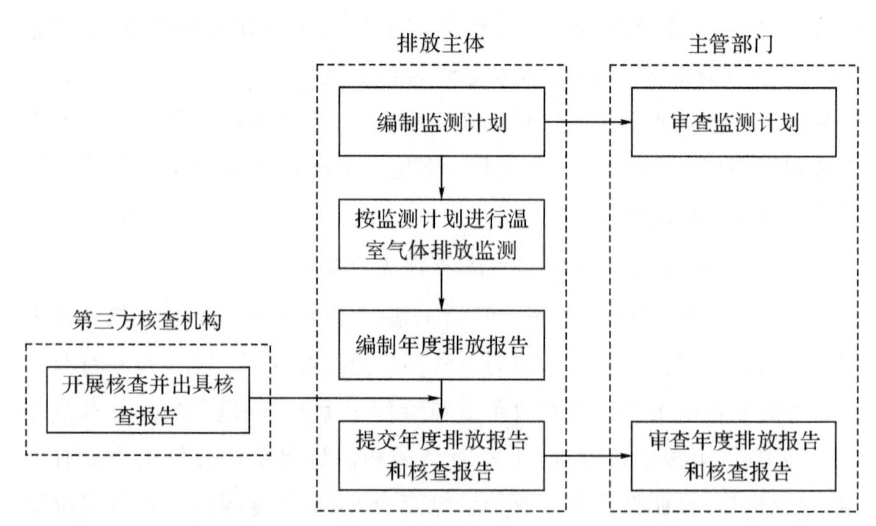

图 6-2 上海市温室气体排放核算和报告基本流程

尽管目前上海尚未形成完整的碳标签制度，且当前所实行的碳足迹核算制度很大程度上是为上海市碳交易市场服务，但率先建立起一套完整可行的碳足迹核算标准是上海碳减排成效显著的原因之一，也为今后上海全面推行碳标签制度奠定基础。

6.3　北京市

通过对北京市的城市低碳规划与各类标准制定的调研来看，目前北京市尚未出台直接与碳标签或绿色产品认证相关的政策文件，但前期生态文明建设成果能够为下一步开展碳标签工作提供助力。

1. 双碳政策

在我国提出“双碳”目标的背景下，各地积极响应并陆续制定本地的“双碳”规划。2022 年 10 月，北京市发展和改革委员会印发了《北京市碳达峰实施方案》（以下简称《实施方案》）。《实施方案》围绕“效率引领、科技支撑、机制创新”三方面，提出了主要目标：“十四五”期间，单位地区生产总值能耗和二氧化碳排放持续保持省级地区最优水平；“十五五”期间，单位地区生产总值能耗和二氧化碳排放持续下降，部分重点行业能源利用效率达到国际先进水平。《实施方案》明确了北京市“节能、净煤、减气、少油”的能源发展思路，制定了可再生能源利用的具体目标：到 2025 年，太阳能、风电总装机容量达到 280 万千瓦，新能源和可再生能源供暖面积达到 1.45 亿平方米左右，新型储能装机容量达到 70 万千瓦；到 2030 年，太阳能、风电总装机容量达到 500 万千瓦左右，新能源和可再生能源供暖面积比重约为 15％。此外，北京市还出台了《北京市国民经济和社会发展第十四个五年规划和二〇三五年远景目标纲要》《北京市“十四五”时期生态环境保护规划》《北京市“十四五”时期制造业绿色低碳发展行动方案》《北京市“十四五”时期低碳试点工作方案》等一系列政策举措，确保“双碳”目标的按期落实。

2. 标准制定

认证标准是市场经济条件下加强质量管理、提高市场效率的基础性制度，是国际通行、社会通用的国家质量基础设施。在标准制定方面，北京一方面印发各年度《北京市标准化工作要点》，提纲挈领地提出了下一步标准化的主要工作；另一方面在要点的指引下，颁布各类低碳标准。

从标准制定的规划来看，2017 年，首都标准化委员会印发《2017 年北京市标准化工作要点》，指出要“推进实施国家统一的绿色产品标准、认证、标识体系，增加绿色产品有效供给”。与此同时，还提出北京要落实《北京市推进节能低碳和循环经济标准化工作实施方案（2015—2022 年）》，开展节能低碳标准复审，做好节能低碳标准的立项和组织制定工作，完成《风机节能监测》《社区低碳运行管理通则》等一批节能低碳标准制定修订。此外，还要开展北京市新能源和可再生能源标准体系（2017—2020 年）研究。

2018 年 1 月 17 日，国务院印发《关于加强质量认证体系建设促进全面质量管理的意见》（以下简称《意见》）。自愿性认证是企业在自愿的情况下向认证机构提出申请，认证机构对符合认证要求的企业颁发产品认证证书。自愿性产品认证分为国家推行的产品认证和一般产品认证。所谓国家推行的产品认证就是由认监委或认监委联合行业部门统一推行的认证制度，按照认监委发布统一的实施规则开展的认证工作。一般产品认证是由各认证机构在批准范围内，按照市场需要，自行制定实施规则并向认监委备案，认证机构依据备案的实施规则对产品实施认证工作。目前一般自愿性产品认证可分为 21 个产品领域，获得相关领域批准的认证机构制定实施规则并报国家市场监督管理总局备案后即可以开展一般产品认证工作。如机动车辆及安全附件等 18 种不再实施强制性产品认证管理的产品，只要认证机构符合开展自愿性产品认证要求企业都可以自愿申请做自愿性产品认证。在《意见》的指导下，北京市政府积极鼓励具备条件的认证机构制定相关自愿性实施规则向国家认监委备案并开展认证工作。而碳标签产品的认证过程属于自愿性认证,《意见》的颁布为碳标签产品的认证提供了较好的政策依据。

从具体制定的标准来看,2019 年 7 月,北京首次制定标准 23 项、修订标准 11 项。在上述标准中,城市管理与公共服务标准 7 项、资源节约与利用 7 项、农业标准 7 项、环保标准 3 项、公共安全标准 3 项、卫生标准 3 项、信息化标准 3 项和工程建设标准 1 项。其中有关环境保护与资源节约的标准整理如表 6-3 所示。

表 6-3　2019 年北京颁布的有关环境保护与资源节约的标准

标准名称	具体内容
《电子工业大气污染物排放标准》	规定了包括电子专用材料、电子元件、印制电路板、半导体器件、显示器件及光电子器件、电子终端产品等电子工业大气污染物排放控制、监测和监督管理等要求,有利于为北京市 40 余家电子工业企业污染物排放管理提供技术支撑
《加油站油气排放控制和限值》	规定了加油站汽油油气排放控制的技术要求、排放限值和检测方法,有利于加强我市 1140 余座加油站油气排放管理,减少 VOCs 排放污染,改善城市空气质量
《低硫煤及制品环保技术要求》	规定了北京市地方用煤的环保技术要求、试验方法、抽检规则、民用煤包装和标识、储存、装卸与运输等内容,扩大了适用范围(增加电厂用煤和原料用煤),增加了磷、氯、砷、汞、氟的指标要求,调整了挥发分指标的基准及指标值,将为推广使用低硫煤及制品,减少燃煤对环境的污染,改善空气质量状况提供技术支撑
《电子信息产品碳足迹核算指南》	规定了北京市电子信息产品碳足迹核算的目标、核算范围、功能单位、系统边界、数据收集与处理、核算、报告等内容

北京市政府的低碳绿色建设主要集中于大气污染的防治。2021 年 8 月，北京市正式发布《电子信息产品碳足迹核算指南》的地方标准，为电子信息产品的碳足迹核算提供了科学、可操作性的指导；2023 年 4 月，北京市发展和改革委员会发布《北京市碳标签体系建设试点工作比选公告》，意在对碳标签体系建设试点工作进行招投标。可见，北京市已经从产品生产、试点建设等方面开启了碳标签制度的前期筹备工作。

6.4 江苏省

江苏省作为制造业大省，当前面临着节能减排的巨大转型压力。2015 年，江苏省政府出台《江苏省应对气候变化规划(2015—2020 年)》中，明确要逐步建立健全碳排放权交易市场。虽然江苏省尚未启动碳标签制度的相关工作计划，但其较为完善的碳排放权交易机制可为碳标签制度的建立奠定基础。

从省级层面看，江苏省碳排放权交易的流程(如图 6-3 所示)包括：一是江苏省发改委将根据国家发改委要求来确定纳入碳排放权交易市场的重点单位名单；二是已经纳入到碳排放权交易的重点单位报告其年度碳

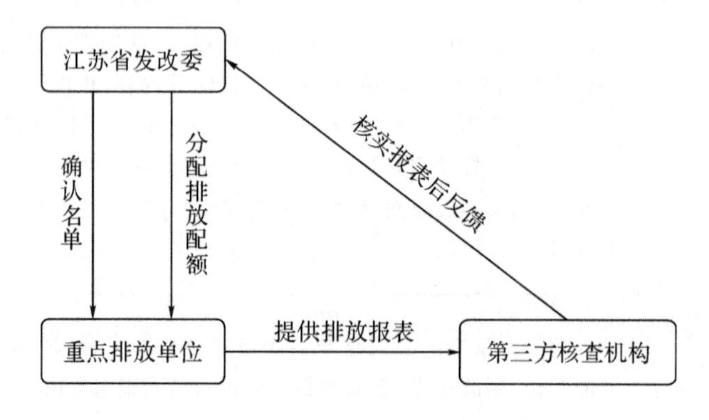

图 6-3　江苏省碳排放权交易的流程

排放情况;三是第三方核查机构核查重点排放单位碳排放报告并出具核查报告;四是省发改委确认重点排放单位碳排放量,并向重点排放单位发放碳排放配额;五是重点排放单位根据自身需求开展碳排放权配额的交易;六是年度排放量核算报告及核查、重点排放单位配额履约和清缴等。其中,企业碳排放的核算及核算结果的核查环节起着关键性作用。此外,江苏省生态环境厅还组织重点企业历史排放数据核算、报告和核查工作。

从市级层面看,江苏省苏州市、镇江市等城市都为推动绿色低碳、高质量发展设立了相应的补贴扶持政策。

苏州市出台《关于促进苏州工业园区企业技术改造的若干意见》,具体制定了对苏州市申请绿色工厂、绿色园区的补贴扶持政策:对获得国家级绿色工厂、绿色产品、绿色供应链认证的企业分别给予 30 万元、15 万元、15 万元的奖励;对获得省级绿色工厂、绿色产品、绿色供应链认证的企业分别给予 15 万元、10 万元、10 万元的奖励,同一企业认证升格给予差额部分奖励。此外,苏州市吴江区也出台了《吴江区工业转型升级扶持政策》,对评定为国家、省级绿色产品或绿色生态设计的企业,分别给予一次性奖励 5 万元、3 万元;评定为国家、省级绿色工厂或绿色供应链的企业,分别给予一次性奖励 50 万元、20 万元。

镇江市出台《镇江市级“绿色工厂”创建活动实施方案》,明确指出为“绿色工厂”建设提供专项授信额度 100 亿元,对荣获国家级、省级和市级“绿色工厂”称号的企业,在实行同等条件评测系统利率基础上分别实施下浮 15%、10%和 2%~8%的利率优惠。

总体而言,江苏省尚未完全展开碳标签制度推行的相关实践,但其碳排放权交易市场的建设经验,尤其是企业碳排放核算标准和技术的统一为该省进一步推动碳标签制度的建立提供了技术借鉴。此外,江苏省对于绿色产业、绿色园区和绿色供应链的扶持政策也相对完善,能够降低企业在低碳技术创新过程中的资金压力,激励企业进行低碳转型。

6.5 湖北省

湖北省早在2013年全省国民经济和社会发展计划的报告中就明确提出，积极应对气候变化，推进低碳城市、低碳园区、低碳社区示范建设。开展碳标识和认证，促进省内产品出口。2016年，湖北省人民政府办公厅出台关于深入推进“互联网＋流通”行动计划的实施意见，强调贯彻《绿色商场行业标准》(SB/T 11135—2015)，倡导“绿色产品进商场、绿色消费进社区、绿色回收进校园”等理念，开展绿色营销试点，鼓励流通性企业和绿色低碳生产企业建立战略合作关系，优先采购环境友好、节能降耗和易于资源综合利用的原材料、商品和服务，通过开设绿色产品专柜和专区等形式，宣传、展示和推销有节能标识和获得低碳认证的绿色商品。事实上，湖北省此举为碳标签产品的营销环节提供了新的思路。

1. 绿色商场

《绿色商场行业标准》(SB/T 11135—2015)于2015年11月9日由商务部公告，于2016年9月1日实施。绿色商场指的是基于环保、健康、安全理念，实施节能减排、绿色产品销售和废弃物回收三位一体的实体零售企业，涵盖绿色采购、绿色服务、绿色消费、绿色产品和绿色供应链等内容。《绿色商场行业标准》(SB/T 11135—2015)对作为绿色商场的实体零售企业提出了明确的能耗量、耗水量要求(如表6-4)。

绿色供应链要求绿色商场销售能效三级以上的节能产品、环境标志产品和绿色产品的比重在商超类零售企业中不低于10%，在电器专卖店中不低于90%；要求供应商在产品设计生产过程中采用绿色设计技术，减少环境污染和能源消耗，且尽量减少包装物的材料消耗；引导绿色消费，在节能产品、低碳产品、环境标志产品和绿色产品销售区设置醒目标签识别来引导消费者购买。

表 6-4　绿色商场能耗量、耗水量标准

指标	购物中心	百货商场	大型超市	超市	专业店
每年单位营业面积综合能耗量不高于如下标准(单位:千瓦时/平方米)					
	230	320	280	200	80
每年单位营业面积耗水量不高于如下标准(单位:立方米/平方米)					
	2.5	1.7	2.2	1.7	0.8
万元营业额耗水量不高于如下标准(单位:立方米/万元)					
	2.3	1.1	2.5	1.8	2.0
万元营业额综合能耗量不高于如下标准(单位:千瓦时/万元)					
	180	135	150	130	70

湖北省引入《绿色商场》行业标准(SB/T 11135—2015),通过营造绿色消费氛围、建立绿色供应链,倒逼供应商采取低碳生产方式。同时提高低碳产品的营销宣传力度,引导消费者选择低碳产品。

2. 节能标准化建设

2016 年,湖北省出台《湖北省加强节能标准化工作实施方案》,进一步完善节能标准体系,并结合湖北省化工、电力、钢铁、建材、有色金属、装备制造等产业的发展状况与节能减排需求,研究生物质能、太阳能、氢能等新能源领域标准,建立湖北省绿色产品体系(如表 6-5所示)。

截至 2020 年,湖北省已出台 20 余项绿色产品认证评价标准,涵盖塑料制品、纸制品、纺织产品和建材等产品类别,以及能耗、物耗、水耗、用能设备及技术等强制性地方标准。湖北省通过加强标准与节能减排政策的有效绑定,促进系列成套标准的综合实施,并加大了各行业节能、节水、节材和废物再利用、资源化等方面标准的执行力度,完善循环经济标准化模式。

表 6-5 湖北省绿色产品认证标准

标准编号	标准名称	发布日期	实施日期	状态
GB/T 37866-2019	绿色产品评价 塑料制品	2019-08-30	2020-03-01	现行
RB/T 242.4-2018	绿色产品认证机构要求 第4部分:有机产品	2018-06-04	2018-12-01	现行
RB/T 242.2-2018	绿色产品认证机构要求 第2部分:环境保护和资源节约	2018-06-04	2018-12-01	现行
RB/T 241-2018	绿色产品检测机构要求	2018-06-04	2018-12-01	现行
RB/T 242.3-2018	绿色产品认证机构要求 第3部分:可再生能源利用	2018-06-04	2018-12-01	现行
RB/T 242.1-2018	绿色产品认证机构要求 第1部分:通则	2018-06-04	2018-12-01	现行
GB/T 35613-2017	绿色产品评价 纸和纸制品	2017-12-08	2018-07-01	现行
GB/T 35612-2017	绿色产品评价 木塑制品	2017-12-08	2018-07-01	现行
GB/T 35611-2017	绿色产品评价 纺织产品	2017-12-08	2018-07-01	现行
GB/T 35610-2017	绿色产品评价 陶瓷砖(板)	2017-12-08	2018-07-01	现行
GB/T 35609-2017	绿色产品评价 防水与密封材料	2017-12-08	2018-07-01	现行
GB/T 35608-2017	绿色产品评价 绝热材料	2017-12-08	2018-07-01	现行
GB/T 35607-2017	绿色产品评价 家具	2017-12-08	2018-07-01	现行
GB/T 35606-2017	绿色产品评价 太阳能热水系统	2017-12-08	2018-07-01	现行

续表

标准编号	标准名称	发布日期	实施日期	状态
GB/T 35605-2017	绿色产品评价 墙体材料	2017-12-08	2018-07-01	现行
GB/T 35604-2017	绿色产品评价 建筑玻璃	2017-12-08	2018-07-01	现行
GB/T 35603-2017	绿色产品评价 卫生陶瓷	2017-12-08	2018-07-01	现行
GB/T 35602-2017	绿色产品评价 涂料	2017-12-08	2018-07-01	现行
GB/T 35601-2017	绿色产品评价 人造板和木质地板	2017-12-08	2018-07-01	现行
GB/T 33761-2017	绿色产品评价通则	2017-05-12	2017-05-12	现行
DB12/T 670-2016	绿色产品技术要求 编制导则	2016-11-30	2017-01-01	现行
T/CTWPDA 01-2016	绿色产品评价规范 人造板	2016-08-02	2016-10-01	现行

3. 低碳经济试点示范区

湖北省生态环境厅于2012年发布《湖北省县城经济发展规划(2011—2015年)》,明确提出开展低碳经济试点,在武汉城市圈建立低碳经济试验示范区,探索区域低碳发展模式和有效运作机制,加快低碳技术引进、研发和推广应用,建立低碳技术支撑体系,积极创建低碳消费模式,引导公众低碳消费。同时,培育绿色消费体系,倡导社会循环式消费和资源节约活动,推广绿色标识产品,推行政府绿色采购,扩大绿色消费市场,培育绿色消费风尚。

作为湖北省低碳经济试验示范区,武汉市实施生活低碳工程,首先是启动“低碳生活家+”行动计划、建设“碳宝包”低碳生活家平台来引导消费者选择低碳产品,加强节能产品、环境标志产品的认证。其次是建设低碳节能智慧管理系统,覆盖全市主要节能单位,并实现对主要单位用能消费、碳排放情况的实时监控、分析和预警。通过对工厂监测点的所有能耗进行细分和统计,以直观的数据和图表向用户展示能源消耗情况,便于找出高耗点和不良的用能习惯及安全隐患点，既有效地节约能源，又保障用能安全，为用户节能改造提供准确的数据支撑。

总之，湖北省通过绿色商场建设、节能标准化建设和低碳经济试点示范区建设，初步探索出供应链绿色化、低碳评价标准化、低碳经济试点化的绿色产品生产、评价和销售的全流程体系。

6.6　浙江省

当前，浙江省碳标签制度体系的建设尚在起步阶段，但其绿色产品认证体系已经走在全国前列。本节将具体介绍浙江省绿色产品认证体系的实施现状，为浙江省进一步推行碳标签体系提供了借鉴。

1. 节能减排法律法规的出台

20世纪末，我国首次出台《节约能源法》，表明节约能源、保护环境已经开始进入政府决策视野。随后，我国于2002年、2005年、2008年先后出台《清洁生产促进法》《可再生能源法》《循环经济促进法》等法律。2015年，我国开始实施《环境保护法》，其中第四章第四十条规定："企业应当优先使用清洁能源，采用资源利用率高、污染物排放量少的工艺、设备以及废弃物综合利用技术和污染物无害化处理技术，减少污染物的产生。"与此同时，《中国应对气候变化国家方案》《清洁生产机制项目运行管理办法》、环境保护"十二五"规划、"十三五""十四五"生态环境保护规划等政策的实施也为绿色产品认证体系的推行奠定了制度基础。

2. 绿色产品认证体系的建立

2015年9月，中共中央、国务院印发《生态文明体制改革总体方案》，提出建立统一的绿色产品体系。将目前分头设立的环保、节能、节水、循环、低碳、可再生和有机等产品统一整合为绿色产品，建立统一的绿色产品标准、认证和标识等体系。完善对绿色产品研发生产、运输配送、购买使用的财税金融支持和政府采购等政策，并在所附《生态文明体制改革路线时间表》中明确国家质检总局作为“建立统一的绿色产品体系”的牵头部门，于2016年完成“绿色产品标准、认证、标识整合方案”。

习近平总书记在党的十八届五中全会第二次会议上提出了“创新、协调、绿色、开放、共享”的新发展理念，明确将绿色发展作为关系我国发展全局的重要理念和“十三五”乃至更长时期我国经济社会发展的基本理念。2016年初，“制定绿色产品标准、认证、标识整合方案”任务被列入《中央全面深化改革领导小组2016年工作要点》。确定“绿色产品”的内涵与外延，结合绿色相关产品标识与认证制度现状，形成统一的顶层设计思路及可持续发展的制度建设方案，将是服务绿色发展的重要目标。

经测算统计，截至2015年底，主要产品认证机构累计发放节能产品认证证书56740张，可再生能源产品认证证书4231张，节水产品认证证书9098张；2008—2015年间，相关认证机构通过节能、节水、可再生能源等产品认证项目，获证产品所实现的资源节约总量逐年增加，累计节约/替代能源达8255.44亿千瓦时，相当于2.63亿吨标准煤，累计节约水资源达1827.06亿吨。绿色相关标识与认证工作的成果已经在各省市逐步得到体现。

2016年，为贯彻落实《生态文明体制改革总体方案》，建立统一的绿色产品标准、认证、标识体系，国务院办公厅印发《关于建立统一的绿色产品标准、认证、标识体系的意见》(以下简称为《意见》)，《意见》规定，要按照统一目录、统一标准、统一评价、统一标识的方针，将现有环保、节能、节水、循环、低碳、再生、有机等产品整合为绿色产品，到2020年，初步建立系统科学、开放融合、指标先进、权威统一的绿色产品标准、认证、标识体系，健全法律法规和配套政策，实现一类产品、一个标准、一个清单、一次认证、一个标识的体系整合目标。重点任务包括：统一绿色产品内涵和评价方法；构建统一的绿色产品标准、认证、标识体系；实施统一的绿色产品评价标准清单和认证目录；创新绿色产品评价标准供给机制；健全绿色产品认证有效性评估与监督机制；加强技术机构能力和信息平台建设；推动国际合作和互认。表6-6为我国现行有关绿色产品的法规规章、政策。

表6-6 我国现行有效的有关绿色产品的法规规章、政策

文件类型	名称	颁布时间
中央层面的行政法规及规范性文件	《国务院办公厅关于建立统一的绿色产品标准、认证、标识体系的意见》	2016年
	《市场监管总局关于发布绿色产品标识使用管理办法的公告》	2019年
浙江省政府的法规与政策文件	《丽水绿色农产品管理办法》	2002年
	《浙江省绿色制造体系建设实施方案(2018—2020)》	2018年
	《关于加快推进绿色产品认证工作的意见》	2020年

为了进一步对绿色产品标识进行规范，2019年6月，我国市场监管总局发布《绿色产品标识使用管理办法》(以下简称为《办法》)。《办法》规定，市场监管总局统一发布绿色产品标识，建设和管理绿色产品标识信息平台，并对绿色产品标识使用进行监督管理。《办法》明确了绿色产品标识适用范围。认证活动一：认证机构对列入国家统一的绿色产品认证目录的产品，依据绿色产品评价标准清单中的标准，按照市场监管总局统一制定发布的绿色产品认证规则开展的认证活动。认证活动二：市场监管总局联合国务院有关部门共同推行统一的涉及资源、能源、环境、品质等绿色属性(如环保、节能、节水、循环、低碳、再生、有机、有害物质限制使用等)的认证制度，认证机构按照相关制度明确的认证规则及评价依据开展的认证活动；同时，市场监管总局联合国务院有关部门共同推行的涉及绿色属性的自我声明等合格评定活动。

浙江省响应中央号召，加快绿色产品认证体系的建设。2020年1月，经浙江省人民政府同意，浙江省市场监管局、省发改委、省经信厅、省财政厅、省科技厅和省自然资源厅等 14 个部门联合印发《关于加快推进绿色产品认证工作的意见》。这是全国第一份省级层面出台的绿色产品认证政策意见，主要包括以下几大方面：(1)加快绿色产品认证统筹推进；(2)鼓励绿色产品标准创新；(3)支持企业开展绿色产品认证；(4)将绿色产品纳入绿色金融支持范畴；(5)强化绿色产品政府采购促进机制；(6)加大绿色产品示范应用力度；(7)推动绿色产品国际(区域)合作与互认；(8)加强绿色消费与宣传推广。

事实上，早在 2017 年，浙江省就在《浙江省生态文明体制改革总体方案》中首次提出“建立统一的绿色产品体系”。2018 年《浙江省人民政府关于加强质量认证体系建设服务高质量发展的实施意见》中提出，“对接国家统一的绿色产品标准、认证、标识体系改革，推行浙江绿色产品评价标准和认证体系，增加绿色产品有效供给，引导绿色生产和消费，全面提升绿色发展质量和效益”。同年 4 月，湖州率先成为“绿色产品认证”试点城市。截至 2020 年，湖州木业、家具、纺织印染、涂料、蓄电池等 7 个行业 35 家企业 52 个产品率先获得全国统一绿色产品认证证书。

浙江省作为我国绿色产品认证体系建设的领头羊，其先进经验不仅体现在上述政策中，更体现在各地的实践中。对此，本书团队首先走访了浙江省农业农村厅的农场管理局与市场监督局，通过访谈的形式了解到当前绿色产品认证体系的具体政策，之后还通过对宁波奉化滕头村民营企业以及当地农业个体户的走访分析目前浙江省绿色产品认证建设体系的现状。

在浙江省绿色产品认证体系中，发展较好的是绿色农产品(无公害农产品)的认证。省级层面的绿色农产品认证由中绿华夏有机食品认证中心负责，认证流程已融入市场。绿色农产品认证的流程是：申请—受理—检测—认证—颁发，而最后的认证环节，则经历了“县—市—省—部”的变化到如今的“县—省—部”的变化，在改革中探索更便捷和高效的认证体系。近年来，每年通过绿色产品认证的企业数量较为稳定。

然而,团队通过对滕头村的特色农产品产地进行调研后,发现绿色农产品认证的实施过程中仍存在一些问题。调研期间,正值奉化特色农产品之一——奉化芋头的成熟季节。调研组走访了 13 家商铺,他们均声称售卖的是绿色产品,其中 7 家提供的包装上印有绿色食品产品标识。然而经过询问后发现,这些农产品均未经过正规认证,商铺负责人也都对绿色农产品认证程序不甚了解。可见,市场上许多没有经过认证的农产品挂上了认证标识进行出售。

总之,中国的绿色产品认证体系化建设还处于摸索期,实施过程中仍存在一些问题。作为国内绿色产品认证体系建设的先驱,浙江省还应不断探索、继续完善,为碳标签创新实践做出贡献。

6.7 社会组织

社会组织在碳标签制度建立过程中致力于低碳服务、低碳产品和低碳城市三个方面的建设。在低碳服务建设方面,为一些企业组织的碳足迹核算和汇总工作提供顶层架构,进而为制定统一的碳足迹核算标准提供支持;在低碳产品建设方面,助力产品减排和新技术应用;在低碳城市建设方面,在试点中嵌套产业结构调整、园区建筑节能、交通运输节能等实践。未来将以城市产业园为依托,提升碳标签制度的落地性。

6.7.1 中国电子节能技术协会低碳经济委员会

中国电子节能技术协会低碳经济委员会于 2010 年 8 月 6 日成立,是经过工业和信息化部批准成立,由从事低碳能源开发、转化、管理、研究、教育以及检查等方面的企事业单位、管理机构和社会团体组成的跨部门、跨行业的全国性非营利的专业社会团体,致力于低碳经济发展、应对气候变化和倡导可持续的生活方式。

中国低碳经济专业委员会在碳标签制度建立中发挥的作用包括：制定碳标签标准、技术评估、制度推广、培训咨询、企业集团发展和国际项目合作等。

6.7.2　中国碳标签产业创新联盟

中国碳标签产业创新联盟于 2019 年 8 月 10 日成立，由中国电子节能技术协会牵头，中国消费品质量安全促进会、中国建筑材料工业规划研究院、中国电子技术标准化研究院以及联想集团、英利集团、远大科技集团等单位共同发起，致力于中国碳标签制度的建立与推广工作。

中国碳标签产业创新联盟提供的服务包括八个方面，分别为低碳智库、资源聚焦、采购营销、人才保障、品牌宣传、应用示范、荣誉表彰和壁垒预警。目前的工作成果包括碳标签标识的可视化设计（如图 6-4 所示），以及碳标签评价标准的制定，主要由国家低碳认证技术协会、中国电子节能技术协会、中国质量认证中心以及有关单位在国家市场监督部门的管理下来联合开展工作，现已通过并发布了中国电器电子产品碳足迹评价规范以及 LED 道路照明产品的评价标准，其他细分产业的评价标准正在

图 6-4　中国碳标签产业创新联盟的碳标签标识

图片来源：中国低碳经济专业委员会官网

逐步立项中。

中国碳标签产业创新联盟旨在新技术应用、碳标签赋能的增值计划、提升低碳产品竞争力等方面发挥作用。首先,将互联网技术与减排理念相结合,促进消费领域的碳排放。其次,使用碳标签为1000家以上的低碳企业和1万种以上的低碳产品赋能,实施“碳标签门店大使计划”,即对一些门店进行碳标签认证审核,促进企业的碳中和行动,让消费者能够真正购买到低碳产品。最后,通过开展产品碳足迹全生命周期评价,核算从原材料采购、生产制造、交通运输、消费使用到回收全过程的碳排放,促使企业开发并采用更低碳的节能技术、制作工艺和物流方式,提供更为绿色环保、具有竞争力的低碳产品。

在未来,中国碳标签产业创新联盟将在八个方面做出行动,一是在基地示范方面,将建立诸如低碳产业化基地、绿色都市农业科创基地和低碳技术中心等基地;二是提供标准化服务,针对食品、电器电子、纺织用品和共享汽车等行业进行产品碳足迹标准化服务;三是注重品牌提升与技术服务,提供碳标签品牌及技术;四是开展针对性的评价服务,颁发如“产品碳标签评价证书”“产品碳足迹证书”“碳标签评价证书”等证书服务;五是推动区域合作和国际合作,开展粤港澳大湾区碳标签互认合作、中日韩碳标签互认合作等;六是加强教育培训,开展有关低碳经济管理的研究生、博士后课程研修班,同时进行有关碳标签、碳足迹和碳中和等方面的课题研究;七是打造全球低碳城市峰会;八是打造碳标签商城,让公众从自身的低碳行为中受益。

社会组织是我国碳标签制度建立的重要推动者,在与政府相联系的制度设计层面、与企业相联系的产品认证层面以及与消费者相联系的理念推广层面都发挥着重要作用。

6.8 小 结

总的来看，国内政府与社会组织近年来有关低碳的创新实践具有明显成效。其中广东省作为全国碳标签制度的先行者，在低碳产品认证机制创新、低碳社区园区建设和“碳普惠”推广等方面均取得突破，深圳市、广州市也已深入践行广东省碳标签制度的相关规定。北京市、上海市、江苏省和湖北省在低碳建设规划、碳排放权交易市场建设、低碳标准制定等方面积累了不少经验。浙江省作为首个生态省，其绿色产品认证体系走在全国前列。但也应看到，我国有关碳标签制度的实践仍处于起步阶段，仅广东省率先开展了试点，其余省份尚未真正实践，未来还需进一步将制度设想落实到行动中去。此外，中国低碳经济专业委员会和中国碳标签产业创新联盟为我国碳标签制度的建立和推广奠定了基础，如何推进社会组织与政府合作，助推碳标签制度向落地，是当下亟待解决的问题。

参考文献

[1] 刘航.碳普惠制：理论分析、经验借鉴与框架设计[J].中国特色社会主义研究，2018(5)：86-94，112.

第7章　国内企业低碳实践

本章将系统梳理国内典型企业有关碳标签制度的创新实践。其中湖州明朔光电科技有限公司主营LED灯具产品，已获“产品碳标签评价证书”，是国内企业实践碳标签制度的先行者。广州市浪奇实业股份有限公司以日化产品生产为主，其产品获得首批“产品碳足迹标识”认证。浙江传化集团主营化工产品，主打绿色产业链生产服务。上海朗绿建筑科技有限公司主营建筑服务，提供绿色、健康、舒适和节能的建筑产品。菜鸟驿站是一家物流服务平台，实现了物流运输的全过程绿色服务。碳阻迹(北京)科技有限公司是一家碳足迹咨询企业，主要提供碳足迹核算服务。本章通过对上述不同类型、不同行业企业有关碳标签制度实践的梳理，以期呈现我国企业在该领域的发展现状。

7.1　湖州明朔光电科技有限公司

我国碳标签制度仍在探索阶段，因此直接生产加贴碳标签产品的企业屈指可数，明朔科技则是其中一员。作为我国第一家碳标签商标产品的生产企业，明朔科技凭借出色的绿色创新能力，在一众企业中率先加贴了碳标签并远销海外。

湖州明朔光电科技有限公司成立于2013年，是一家以石墨烯复合材料为核心技术，专注于石墨烯材料在导热、导电和力学等方面应用的国家高新技术企业。明朔科技获得中国石墨烯产业技术创新战略联盟颁发的

“石墨烯产业杰出贡献奖”，是新华社评选的“新华社民族品牌工程服务产业新锐行动”首批6家企业之一，是目前国内石墨烯应用产业化的领军企业。

明朔科技坚持“科技、绿色、品质、便利”的发展理念，不断夯实高效绿色照明、道路物联网两大核心业务的领先地位，在此基础上通过石墨烯产业链上下游纵向延伸发展。在“中国制造2025”的国家战略指导下，公司与浙江大学成立石墨烯智能制造研发中心，联合打造石墨烯路灯智慧工厂，实现高度定制化的柔性批量生产。2018年建成南浔智慧工厂，可年产100万套石墨烯散热大功率LED照明产品、10万套风语智慧路灯头系列产品。2019年建成牡丹江智慧工厂，可年产100万套石墨烯散热大功率LED照明产品、1.5万套风语智慧路灯头系列产品。

明朔科技将石墨烯技术运用到LED照明系统中，基本能够实现全生命周期低碳生产：在原材料阶段，能够减少2/3原材料的使用；在制造阶段，通过智能制造提高效率，降低制造的消耗；在运输阶段，运输的灯管体积较小，节约了能耗；在使用阶段，相对传统照明可以节能70%以上，较传统LED再节能20%以上；在回收利用阶段，可以节省大量废弃物的处置成本。2019年5月，石墨烯LED获得了全国首张碳标签评价证书和碳足迹评价证书。

明朔科技进行碳标签认证的原因有二：一是基于企业自身“科技、绿色”发展理念；二是该企业为中国电子节能技术协会成员单位，率先进行碳标签认证有助于在电器电子行业先行开启“碳足迹标签”试点。

明朔科技进行认证的碳标签产品为石墨烯散热LED模组产品，为公司主打产品，占公司整体营收的80%。在碳标签认证过程中，企业需提供产品原材料、生产工艺等相关信息给中国质量认证中心（China Quality Certification Center，以下简称CQC），CQC组织专人对产品的碳足迹开展测算评价，最后由中国电子节能技术协会碳标签评价中心（Carbon Label Evaluation Center，以下简称CLEC）出具证书。整个过程历时8

个月。

2018 年，中国电子节能技术协会低碳经济专业委员会牵头组织编制并发布了《中国电器电子产品碳足迹评价规范》《LED 道路照明产品碳足迹》团体标准，在电器电子行业先行开启“碳足迹标签”试点计划。明朔科技的碳标签认证之路经历了 3 个阶段：

1. CQC（中国质量认证中心）的产品碳足迹认证，由原材料制备到产品成品过程即“摇篮到大门”的二氧化碳排放当量评价。

2. CQC 的产品碳标签评价，对产品的原材料、生产、仓储运输和使用过程中的二氧化碳当量进行评价。碳标签评价在碳足迹认证的基础上更进一步，但对整个产品生命周期而言，还差最后报废处置阶段的评价。

3. CLEC 低碳产品供应商认证。

截至目前，加贴碳标签的石墨烯灯管已覆盖国内 30 个省、自治区和直辖市，在全国超过 80 个地级市行政区域累计部署 40 多万盏石墨烯 LED 路灯，并以每年超过 50％的速度增加，已减排二氧化碳 1732.8 万吨。同时该产品还远销日本，这是中国的碳标签产品首次销往海外。

进行碳标签认证对明朔科技的助力颇多。

1. 引入先进的设计理念。用低碳减排的视角审视企业的设计、包装、产品、原材料、工艺流程等是世界发展的必然趋势，企业捷足先登将获得竞争优势。

2. 易于进入政府采购系列。2017 年，国家质检总局、国家发改委联合发布《节能低碳产品认证管理办法》（总局令第 168 号）。依据该办法，我国将建立国家统一的节能低碳产品认证制度，依据相关产业政策推动节能低碳产品认证活动，鼓励使用获得节能低碳认证的产品。

3. 易于进入国际市场。已经有一些国家开始从低碳角度设置进口门槛，近期欧盟正式通过的 CBAM 即是一个典型的例子。我国今后也会积极与其他国家开展低碳认证，从而为企业出口创造更好的条件。

4. 增加竞争优势。现在许多大型超市、品牌企业都要求供应商出具低碳产品认证或碳标签证书。

5. 有助于打造品牌。在未来，一个品牌企业如果不注重低碳环保是很难拓展市场的，低碳环保将成为企业的核心竞争力之一。

6. 履行社会责任。2019 年我国提前实现 2020 年碳排放强度比 2005 年下降 40%～45%的承诺，温室气体排放快速增长局面基本扭转。2020 年，中国政府正式推出“双碳”目标，意味着经济社会将迎来一场广泛而深刻的系统性变革。低碳产品认证制度建立将有助于企业顺应这一变革趋势，推动打造零碳企业。

7.2　广州市浪奇实业股份有限公司

浪奇实业股份有限公司总部位于广州市，是我国日化行业的大型骨干企业。企业注册资金超 6 亿元，总资产逾 40 亿元，2017 年销售收入过百亿，是广州市国资委授权广州轻工工贸集团有限公司控股管理的国有上市股份有限公司。其前身是广州油脂化工厂、广州油脂化学工业公司，始建于 1959 年，是华南地区早期日化产品定点生产企业。1993 年，广州浪奇由国有企业改组为股份制企业，成为广州市首批规范化上市的股份制公司。公司已建立了以“浪奇”为总品牌，同时拥有“高富力”“天丽”“万丽”“维可倚”“肤安”“洁能净”等品牌系列的知名品牌体系，主要产品有洗衣粉、液体洗涤剂、皂类和日化洗涤材料等。浪奇公司致力于打造绿色产业，倡导环境友好、节能低碳。2018 年，浪奇公司获得市级“绿色工厂”认定，入选工信部国家级“绿色工厂”名单。

与此同时，浪奇公司作为可循环再生原料生产和应用先行者，前瞻性地进入脂肪酸甲酯磺酸盐（methyl ester sulfonate，以下简称 MES）、淀粉基表面活性剂、生物酶，以及与绿色低碳产业息息相关的新材料研发领域。广州浪奇与国际认证机构 SGS（瑞士通用公行证）签订了低碳战略合作协议，在中国日化行业启动了首个“产品碳足迹标识”项目。浪奇最新的MES洗涤产品上均标注“80％配方成分采用可再生的植物性原料”的碳标签。由此可见，广州浪奇在日化行业的碳标签制度实践中迈出了关键的一步，对其他日化行业有良好的示范带头作用。

广州浪奇之所以能够在国内日化行业启动首个“产品碳足迹标识”项目，与其强大的技术研发能力、智能化现代化服务业务、多元化产品制造和专业化品牌资产管理息息相关。

1. 强大的技术研发能力

广州浪奇强大的技术开发能力使其产品能够最大限度地在生产过程中减少碳排放，加贴碳标签。一方面，广州浪奇拥有一支专业的技术力量，下辖广州市日用化学工业研究所，由高级工程师、博士后、博士等科技人员组成的队伍，推动产学研深度融合。另一方面，广州浪奇是国家高新技术企业，作为中国绿色表面活性剂开发和应用的高水平企业技术平台，企业技术中心已荣升为“国家认定企业技术中心”。同时公司组建了广东省重点工程技术研究开发中心，2011年获国家批准设立“博士后科研工作站”。

2. 智能化现代化服务业务

智能化现代化服务业务在广州浪奇的整体绿色产业链中发挥着重要作用。其中，化工品贸易业务是广州浪奇现代服务业的重要组成。广东奇化化工交易中心位于广东省佛山市禅城区，是由广州浪奇发起成立的现代化综合性化工产业电子商务平台，属于广东省政府批准设立的重点化工产业项目。奇化网是广东奇化化工交易中心旗下的化工现货电子交易平台，它将电子商务与传统化工贸易有机结合，推出了崭新的化工现货电子交易系统，打造了全新的化工电子商务一体化平台。

3. 多元化产品制造

多元化产品制造为将广州浪奇打造成兼具生产能力与减排能力的企业奠定了扎实的基础。广州浪奇拥有南沙、韶关、辽阳等多个日化产品生产基地，具有50万吨洗衣粉，50万吨液体洗涤剂的生产能力，客户包括多个知名跨国企业。通过上下游业务的整合，体现产能成本优势，打造有国际竞争力的全球日化OEM产品供应基地。其中南沙日化生产基地于2012年底全面建成，占地81865平方米，工程总投资4.5亿元，致力于提供环保、安全、节能的绿色日化优质产品供应服务。

4. 专业化品牌资产管理

日化产品的经营来源于对品牌资产的管理。广州浪奇品牌资产经营子公司——广州岜蜚特贸易有限公司，建设销售新渠道：自建渠道、电商渠道、相容性业务合作渠道，进入功能性细分品类市场，实现相容性业务的整合。

浪奇公司作为环境友好、节能低碳的倡导者，努力降低对环境的影响。广州浪奇以建设资源节约型、环境友好型企业为目标，践行清洁生产，应用绿色新材料，开发节能、节水、环保、高效的绿色洗涤剂产品，全面推进绿色产品、绿色原料、绿色生产过程和绿色使用过程“四个绿色”的实施落地。

7.3　浙江传化集团

近年来，不少企业将绿色低碳生产理念贯穿到企业生产的全过程，这些企业有望成为碳标签体系建设过程中的主力军，传化集团就是其中一员。2018年，传化集团被列入浙江省低碳信用体系试点企业和浙江省发展和改革委员会省级低碳试点名单。而传化集团旗下的传化智联股份有限公司也入选近零碳排放交通试点企业。

传化集团于1986年创办，30多年来，集团牢牢把握“责任”和“实业”两大主线，围绕生产制造和服务生产布局产业，成为拥有员工14000余名，产业涵盖化工、智能物流、现代农业、智联科技城、金融投资等板块，业务覆盖全球80多个国家和地区的现代民营企业集团。

以传化化工为例，其在生产环节中实现了循环生产、清洁生产与绿色生产。传化化工致力于通过以市场为导向创新环保型产品，最大程度减少废弃物对环境的影响。

1. 绿色产业链

2005年，传化化工建立了绿色环保生态安全管控体系并不断完善，以全生命周期理念（原料采购—产品研发—生产控制—包装—废弃物处理—包装物回收—运输—原料采购）实施产品管理，通过来料控制、过程控制、产品残留控制等方式对有害化学物质严格控制，同时有组织、有计划地开展有害化学物质的替代和削减，既关心所购入原料的合规性，也关心生产原料的工艺是否合规；既关心生产过程的合规性，也关心生产副产品的合规处理；既关心产品，也关心产品向客户提供的价值，加强中上游产业链创新与合作，提升企业乃至整个行业的环境绩效，引领行业健康发展。

2. 注重环境保护

传化化工以环保理念为产品研发的准绳。如传化华洋践行行业领头者创新战略，建立并完善"基础研究—产品开发—工程工艺"协同的技术创新体系，为客户提供更环保、高效的绿色产品，进而为客户大幅度降低氨氮排放这一重要环保指标。同时，在生产过程中注重节能减排、变废为宝。如纺化桥南工厂将生产过程中的副产品进行科学工艺提纯，得到了丁酮等多种有用的化工原料。一方面解决了副产物处理对于资源的消耗，另一方面也使资源实现了循环利用。此外，传化化工还坚持并践行绿色、环保的发展理念，成为化工行业循环经济的典范，创造了草甘膦—有机硅"氯循环"生产工艺技术。传化仿石漆每年可减少天然石材开采量130万吨以上。传化涂料既便宜，挥发性危害又小，有很好的隔热性能，涂于墙体可同时达到省电的效果，据统计传化通过使用冷墙面产品技术，每年可节约电费8万元以上。

3. 坚守社会责任

传化化工响应客户需求，主动开发各种绿色工艺和绿色产品，向客户做好精益价值输出，和客户共同创造绿色价值，助推行业绿色发展。如智能绿链整合传化化工和传化物流的双重优势，通过“自营＋联营”的方式打造纺织业基础，依托传化网大平台的支持，致力于为客户提供一站式供应链解决方案。

在低碳物流方面，传化集团也做出了自身的贡献。以传化智联为例，其通过四大服务模块提高了物流效率，减少了资源浪费。

中国每年有价值超过300万亿元的货物在流转，其中工业品物流占90%以上，产生的社会物流总费用约占GDP的14.6%，是西方发达国家的2倍。而传化物流作为服务产业端的智能物流平台，主要为货主企业与物流企业提供系统化的智能物流服务。目前形成了线上与线下结合、自有资源与社会资源结合的智能物流服务网络；将智能信息服务贯穿全业务流程，以物流服务、智能公路港服务、支付与供应链金融服务为利润中心的创新模式。智能物流业务累计服务货主企业超100万家，全网物流运单1815.4万件，服务物流企业25.7万家，服务货运车辆超430万辆，持续帮助货主企业与物流企业降本增效，推动实体经济高质量发展。

智能公路港即为原先的物流基地，取名为公路港是为了区别于海港、空港、铁路港，主要针对公路上的运输。公路港整顿了原先影响市容市貌的随意路边停放长途运输卡车，集中为卡车司机提供了一个日常休息、配货、交易的场所。传化于2000年借鉴浙商“一村一品”“一乡一品”集群式发展理念，在全国首创杭州公路港，经过10年打磨于2010年形成可复制的成熟模式，从线下到线上，从以车为中心到以货为中心，打造智能物流服务网络。目前全国布点68个，覆盖全国27个地区，并在2019年运用互联网平台，取消了原有的交易大厅，在手机端直接实现原先的线下交易匹配，于2022年达到全国120个点位的目标。大量公司与传化智联合作之后效率大幅提高、降低了物流成本、缩短了时间成本，例如有公司合作之后，订单时间从 17 个小时下降到 13 个小时。

政府对传化智联的公路港项目表示肯定，在购置建造公路港的土地用地时给予政策、补贴、资金等方面的支持。2013 年，五部委发文推广传化公路港经验；2015 年，国务院对传化物流发展作出批示，支持传化集团智能公路物流网络运营系统建设；2016 年，公路港模式正式进入国务院文件。具体而言，传化智联主要有四大服务模块。

1. 智能信息服务

通过连接物流企业的内部和货主企业，为客户提供线上和线下的服务，帮助企业实现一键发货、货源实时整合和运力智能调度，为企业接入专业的支付与金融服务，解决资金结算和融资等问题，最后通过插座式智能系统连接起全部。订单执行时间缩短 5 小时，发货到货及时率提升到 96％，金融支付成本下降 50％。

2. 物流服务

以智能公路港全国网为基础，形成"仓储、运输和配送"的全国化网络及"干线＋配送"的一体化能力，通过公路港来实时整合管理密集区域的物流工作。目前全国所有公路港仓储量共计 227 万仓储量，干线运营达到 340 万辆，新能源电车投入使用 4000 余辆。全国以城市为单位的实时干线路况图和货源列表，可以读取出目前干线上运输车流量情况和车辆具体情况，包括司机姓名、联系方式、配送货物信息、车辆目前位置、预计到达时间等信息。以杭州公路港为例，AI 监控视频可以判断车辆是不是会员、货物类别和目的地、是否规范停车、拥堵区域、是否记入黑名单、如何处理等识别软件极大地降低了人工管理成本。同时为货主企业提供定制化的行业供应链解决方案，实现货物出厂后"门到门"的物流服务，使发货及时率提升 90％～96％，车辆调度效率提高 30％，综合物流成本下降 20％～30％。

3. 智能公路港服务

企业提供集、分、储、运、配的物流供应链服务，补足城市物流基础设施,促进产城融合高质量发展。公路港集物流总部大楼、信息交易中心、货运班车总站、智能车源中心、区域分拨中心、仓储配送中心、多式联运配套设施、展示销售中心、会员服务中心、工商财税服务中心、汽车汽配中心和加油加气充电站为一体,极大地提升了配送效率。目前已覆盖全国27个省市自治区,开展业务68项,在建及筹备100多项,经营面积达600多万平方米。

4. 支付与供应链金融服务

发挥流量和数据优势,将金融与供应链场景有机结合,提供普惠金融服务,解决小企业融资难的问题。传化智联的平台可获取小企业相关数据,为其提供定价报告,为企业提供有温度的金融服务。传化物流除了提高物流整体效率,还助力城市配送的基础设备,与吉利合作研发针对城市内部配送的新能源电车,以解决城市配送最后一公里的难题。

7.4　上海朗绿建筑科技有限公司

上海朗绿建筑科技有限公司(以下简称朗绿建筑科技)成立于2013年,是朗诗控股集团旗下唯一对外服务的绿建科技公司,致力于为客户提供更高效、更经济、更专业的绿建科技综合解决方案,实现“健康、舒适、智慧、节能、环保”的建筑环境品质。

近年来,建筑业已经成为二氧化碳排放的主要来源之一。我国是世界上年新增建筑量最大的国家,每年20亿平方米的新建面积,相当于消耗了全世界40%的水泥和钢材。我国的存量建筑大概是510亿平方米,其中400亿平方米以上的建筑都达不到国家建筑节能标准要求,带来了大量的能源消耗。朗绿建筑科技通过自主研发的各类系统降低其建筑产品和服务的碳排放。

具体来看,朗绿建筑科技在住宅和公建两方面都提出了全流程绿色综合解决方案。朗绿建筑科技自主开发了自由方舟系统、户式辐射系统、集中辐射系统和户式对流系统四大系统。其中自由方舟系统采用集中式能源(空气/水/地源热泵、燃气/电锅炉、水冷机组、市政热源等),通过户式顶棚辐射及置换新风系统,让客户自主决定所需环境品质、高舒适室内环境的全流程系统解决方案。在公建产品全流程解决方案中,朗绿建筑科技致力于为公建产品提供智慧办公管理平台、室内装修污染控制、绿建技术咨询、生态设备供货、绿色工程咨询及绿色能源管理等绿建产品整合式全流程服务,以期实现资产长期增值、提升租金和降低楼宇运行费用,提升员工健康福祉,吸引企业入驻。此外,朗绿建筑科技也提供了绿色专项解决方案,包括室内污染物控制全流程咨询、绿建认证顾问、设施设备运维服务、绿色专用设备定制和绿建产品营销专项服务等。

综上,朗绿建筑科技以研发创新为驱动,依托科技助力建筑更绿色,实现生活更美好,践行社会责任。

7.5 菜鸟驿站

菜鸟驿站又称“阿里服务店”,是天猫官方授权建立的为淘宝和天猫会员提供代收发快递、优惠导购和淘宝代购等便民服务的线下实体店。当前,越来越多的淘宝、天猫用户选择菜鸟驿站帮助他们代收快递,菜鸟驿站的加盟团队也在不断增加,目前已覆盖全国大部分城市,一个庞大的“驿站”物流体系正在逐步成形。菜鸟驿站用自身行动实现了绿色物流。

绿色物流包括物流作业环节和物流管理过程两个方面。其中,物流作业环节主要包括绿色运输、绿色包装、绿色流通加工;物流管理过程主要从节能减排的目标出发,改进物流体系,促进供应链上逆向物流体系的低碳绿色化。绿色物流的主要环节有:(1)绿色采购;(2)绿色运输;(3)绿色仓储;(4)绿色流通加工;(5)绿色包装;(6)废弃物回收。下文将详细叙述。

1. 绿色采购

绿色采购要求在选择供应商和采购地点时,选择优化后的采购路线和包装简单的供应商,以降低整个过程的碳排放。

2. 绿色运输

运输过程中能源消耗量大,成为整个物流过程中最主要的碳排放环节。绿色物流强调对运输线路进行合理布局与系统规划,改善交通运输状况,缩短并精简运输路线和环节,发挥各种交通运输方式的综合利用优势,使用清洁燃料,选择低污染车辆。

(1)共享物流

菜鸟驿站和各大快递公司合作建立共享物流系统,通过优化运输与配送环节,共享物流基础设施资源,整合闲散运输能力,优化物流资源配置与运输路线,提高运输效率。

(2)智能调配

2013年5月,菜鸟驿站联合阿里巴巴集团、银泰集团、中国邮政集团、中国邮政EMS、顺丰集团、天天、三通一达、宅急送、汇通以及相关机构成立"中国智能物流骨干网"项目,对生产流通的数据进行整合运作,构建多重网络。同时依托云计算平台,通过大数据和算法的社会全局优化,赋能分散运力。借助阿里与云锋基金的雄厚资本及社会化协同优势,推进智能快递。

(3)集中收件

以往快递员需要逐一将快递送到各家各户,而现在快递员只需将快递统一安放在菜鸟驿站即可,大大提高了投递效率。

(4)运输方式

菜鸟驿站通过提高车辆装载系数,采取甩挂运输、多式联运等新型运输方式,提高物流运输效率。

(5)车辆维护

菜鸟驿站在物流运输过程中,及时监测能耗和排放情况,使用清洁燃料,减少能耗及尾气排放。积极修护改良设备以控制因设备老化破损所造成的能耗,并对驾驶员统一进行培训,提高其节能意识。

3. 绿色仓储

仓储过程中的能耗包括两个方面,从仓库位置到目的地的运输能耗和仓储设备的使用能耗。因此,仓库选址合理,有利于节约运输成本,提高设备的能源利用率。

(1)布局仓储

菜鸟现阶段主要在全国8个关键点拿地建仓拥有128个仓库,近200万平方米。菜鸟不介入运营,包括自建仓在内的所有仓库运营均外包给广州心怡科技公司、百世汇通等第三方仓管公司。菜鸟与上述公司实现了仓管系统的深度打通,实现“智能分仓”,通过分析消费者数据提前对商品的走向做出判断,对库存和消费者做智能匹配。

(2)末端网络

菜鸟驿站整合了闲置的小型社会仓储资源,在社区和高校布局4万个网点,覆盖全国60%的校园。通过将便利店(如邮政、社区物管中心、便利店等长时间营业的服务店)作为快递服务点纳入到末端配送体系中,菜鸟有效简化了配送流程,显著提高了仓储设备的使用率,具有明显的规模效应。

4. 绿色流通加工

绿色化流通加工活动,如分割、计量、分拣、拴标签、组装等,选取能耗小的加工设备,降低了加工过程的碳排放。菜鸟结合高德地图算法将所有地址分拆为结构化的“四级地址”,以此来实现“路由分单”,取代人工分单,提升分拨中心效率。当地址都经过“四级结构化”后,快递公司可以根据这些数据实现包裹与网点的精准匹配。

5. 绿色包装

提高包装材料回收利用率，使用相对简单的包装，有效控制资源消耗。菜鸟于2016年6月启动了“绿动计划”，在快递环保标准研究制订、快递袋全降解研发和快递纸箱回收等方面做出大胆尝试。作为该计划的一部分，菜鸟物流与淘宝平台联动，开辟了“绿色包裹”商品专区。专区内的商品将严格采用环保快递包装材料发货，可以实现包装材料的完全降解，减少环境排放。

目前，淘宝平台上使用的“绿色包裹”主要分为两种环保包装：可完全降解的快递袋和无需使用封箱胶带的拉链式快递纸箱。这种“绿色包裹”有其独特的设计风格，既方便识别，又比传统的快递袋美观。对于具有较强环保意识的消费者而言，他们在未来有望通过绿色标签来选择商品，进而激励更多商家和物流企业使用环保包装，形成良性循环。除此之外，天猫企业购平台也已开设绿色包材专区，为此类环保包装生产商和相关卖家建立了环保包材的供求通道。

6. 废弃物回收

利用减量化、再利用、再循环的原则建立“资源—生产—产品—资源”循环经济模式，对废弃物进行搜集、分类、再加工和再利用等绿色化物流活动。菜鸟驿站设有专门的快递包装回收处，并配有专人进行分拣管理。这一设置与内嵌的快递投递服务相结合，一方面降低了包装废弃率，另一方面减少了包装成本。

菜鸟驿站一直积极完善废弃包装物回收的有关制度，明确物流末端快递包装的回收利用率，使得处理废弃包装的人员有量化标准可参考。同时注重对物流末端废弃包装的分类、回收、检测、再制造及报废处理的全过程控制，以保证最大程度地降低排放。

7. 大数据技术

在菜鸟绿色物流体系构建过程中，大数据技术的重要性不言而喻。通过对物流数据平台上海量信息的实时抓取、分析和学习，菜鸟智能物流系统能够为每一个包裹提供最优路线，节省运输成本，提高送货效率。传统物流也因为大数据的加入得以在全供应生产链上发挥新作用，构建消费者画像，规避供应链风险，减少不必要的资源浪费。

在碳信用体系构建方面，大数据能够提供基础信息和技术支持。碳信用体系的划分、统计需要一个相当复杂的核算记录系统，与之相关的各类信息流的输入也对系统的整合处理能力提出了极高要求。这时，大数据分析技术在信息数据管理方面的优势就体现了出来，它对于海量数据流的快速分析洞察能够为碳信用体系的运转提供强大保障。菜鸟联盟的绿色物流体系以大数据为基底构建，与碳信用体系技术取向的一致性能够为将来的整合接入带来便利，降低处理成本。

7.6 碳阻迹(北京)科技有限公司

碳阻迹(北京)科技有限公司是一家碳足迹咨询企业，致力于“让每个产品都有碳足迹”，通过碳账户相关的产品让消费者有机会为环境做贡献。事实上，企业进行碳减排、实践碳标签制度的前提是对产品的碳排放数据进行管理，量化数据则是管理的基础。

碳阻迹聚焦碳排放管理的软件开发及咨询服务，于2011年创办，在北京、苏州和杭州设有办公室。碳阻迹成立的目的是减少企业的碳足迹。碳阻迹的核心产品是自主研发的“企业碳排放计量管理平台”，这是中国第一款面向组织的碳排放管理软件，目前已经取得数十项软件著作权，作为中国唯一代表入围世界银行的气候变化软件大赛。该软件已经拥有超过100家国内外客户。

碳阻迹的主营业务还包括碳排放管理的咨询和培训服务。奉行“没有量化，就没有管理”的原则，碳阻迹根据国际国内碳核算标准对企业的碳排放进行科学准确的计算，通过数字发现问题，并提出碳减排方案，使得企业机构在节省成本的同时减少碳排放。

本书团队赴北京对碳阻迹公司进行访谈，发现该公司还开发了“碳云”这样一款专注于碳足迹评价的产品。该产品根据PAS 2050和ISO 14067标准进行设计，融入了6万条排放因子数据，花费6年多时间制成。在平台上，用户无须对碳足迹有深入的了解，也可以计算产品碳足迹。除了计算碳足迹外，用户还可以计算减排量。图7-1为“碳云”平台使用界面图。

图7-1　“碳云”平台界面

图片来源：碳阻迹公众号中“碳云”平台使用界面截图

碳阻迹服务的客户涵盖跨国企业、大型国有企业、民营企业、国际组织、政府机构和非政府组织等；行业领域包括通信、钢铁、化工、电力、玩具、电信、汽车、食品饮料、农产品和能源等，如表7-1所示。

表 7-1 碳阻迹公司现有合作单位

客户群体	现有合作单位
政府机构及事业单位	国家发改委、北京环境交易所、上海环境能源交易所、深圳排放权交易所、四川联合环境交易所
企业	蚂蚁金服、京东、中煤集团、百度、中国民航机场建设集团、汇龙森科技园等
科研院所	北京工业设计研究院、武汉科技大学、北京信息科技大学
咨询/认证公司	山东质量认证中心、环保桥、中建材认证
NGO及其他	中国连锁经营协会、节能环保促进会、能源基金会、天津泰达低碳中心、万科公益基金会、中国绿色碳汇基金会

7.7 小 结

总的来看，国内有关碳标签的企业实践大致可分为四类：第一类是已经获得“产品碳标签评价证书”并生产碳标签产品的企业，第二类是在生产过程中践行绿色低碳生产的企业，第三类是为碳标签产品的物流、运输等环节提供服务保障的企业，第四类是提供碳标签咨询服务的企业。第一类企业主要集中在LED灯具和日化产品行业。第二类企业虽没有在其生产的产品和服务上加贴碳标签，但因先进的技术基础和雄厚的资金支持可以作为下一步碳标签制度推行的重点推广对象。第三类企业是碳标签制度的后备力量保障。第四类企业则是的“智库”，为碳标签制度的推行提供数据支撑。碳足迹是碳标签的数据基础，碳标签是碳足迹的量化指标。

综合对上述各类企业推行碳标签制度的实践分析，本节对当前中国企业践行碳标签制度的机遇和挑战进行了如下总结。

企业推行碳标签制度有助于提高其产品竞争力、承担社会责任和发挥低碳技术优势。

1. 提高产品竞争力

碳标签制度可以为企业提升产品竞争力提供机遇。从成本角度看，生产低碳产品将大大降低企业应对政府规制所产生的成本。不仅如此，碳标签还可以作为企业的一种营销策略。随着消费者低碳环保意识的不断提升，其对低碳产品的购买需求也逐渐增加。

因此，碳标签将助推企业提升产品竞争力，进而获取更多的利润。从对外贸易来看，碳标签正从一个公益性的标志变成一个商品的国际通行证，这个通行证将有可能成为国际贸易的新门槛（郭莉等，2011）。欧盟近期通过的CBAM即是一个典型的例子。因此，碳标签制度的建立将助力"中国制造"提升国际竞争力。

2. 有助于承担社会责任

参与碳标签认证将成为企业展现良好形象，履行社会责任的重要举措。企业虽是追逐利润的组织，但作为生存在公共空间之下的社会主体，也需要承担相应的社会责任。早在2015年，我国就向联合国提交了《强化应对气候变化行动——中国国家自主贡献》，这个报告确定了我国到2030年的自主行动目标，实现这些目标需要全社会的共同努力，尤其是一些大型制造企业。从这个角度看，企业参与碳标签认证将促使其减少碳排放，为我国实现气候目标作出贡献。例如，我国第一个碳标签商标生产企业明朔科技所生产的石墨烯LED在2019年获得了全国首张碳标签评价证书和碳足迹评价证书。截至目前，明朔科技的减碳计划覆盖国内30个省、自治区、直辖市，企业在全国超过80个地级市行政区域累计部署40多万盏的石墨烯LED路灯，减排二氧化碳1732.8万吨。

3. 发挥企业低碳技术优势

一方面，由于许多企业即使已经研发低碳技术并应用于产品生产，但消费者对其产品是否真的低碳依然存疑，这是因为缺乏权威的第三方机构为其“低碳”正名。因此，通过第三方权威机构为产品进行低碳认证并加贴碳标签，将有助于企业获得消费者信任。

另一方面，碳标签制度对于认证企业，也将是一次发挥技术优势的机遇。如碳阻迹公司是就是开发碳足迹核算技术的典型代表，其根据 PAS 2050 和 ISO 14067 标准进行设计，融入 6 万条排放因子数据，花费 6 年多时间建成了线上碳足迹核算平台。由于碳标签认证的技术基础就是产品碳足迹的核算，因此像碳阻迹这样的企业在碳标签制度体系中是不可或缺的。

但从目前实践来看，我国企业推行碳标签制度还面临着不小的挑战，主要包括碳足迹核算技术水平低、碳标签产品生产技术水平低和碳标签产品生产成本高等。

1. 碳足迹核算技术水平低

以英国碳信托为例，其所建立的成熟的碳标签产品认证流程为：(1)确定市场主导产品；(2)碳信托对待认证产品生命周期内碳足迹进行认证，并与市场主导产品进行比较，公开相关结果；(3)如若待认证产品生命周期内碳足迹远低于目标区域的市场主导产品生命周期内的碳足迹，则待认证产品获得碳标签。其中在第二环节碳信托认证的过程中，需要企业先行对碳标签产品进行一轮核算方可提交申请认证。因此，企业对于碳标签产品所产生碳足迹的核算技术至关重要。

然而多数企业从未有过核算碳足迹的经验，对这一专业领域较为陌生。可见，企业碳足迹核算技术水平低依然是推行碳标签制度的一大挑战。

2. 碳标签产品生产技术水平低

低碳经济发展的关键是技术创新，技术能力决定了企业是否具备可持续的低碳竞争优势，企业将由于相关领域的技术研发创新而形成其他企业无法模仿的低碳专长。在企业生产碳标签产品的过程中，很大程度上依赖于先进的低碳生产技术。因此，企业是否具有参与生产的意愿很大程度上取决于其是否有足够先进的减排技术。

但我国高碳生产的家庭作坊式企业比比皆是，除了前文所提到的明朔科技、传化集团等具备低碳生产技术的大型企业，多数企业不具备成熟的低碳技术，这极大限制了碳标签产品的发展。在碳标签制度的试点阶段，政府可以通过号召技术水平先进的大型企业先行研发碳标签产品；但若进入推广阶段，多数企业因其低碳生产技术水平的低下将会对碳标签制度的进一步推广带来挑战。

3. 碳标签产品生产成本高

企业采用低碳环保的生产需要一定的低碳技术创新投入，取决于研发资金、研发人员乃至相关研发机构的投入强度。上述投入构成了企业生产碳标签产品额外的成本。一旦企业的生产成本提高，对于企业来说，可能在短期内难以承受成本的增加和利润的亏损，参与碳标签产品的意愿将下降；对于消费者来说，产品成本的上升很大程度上意味着需要承担更多由碳标签带来的产品溢价。由于消费者对溢价存在抗拒情绪，企业无法预测提高成本后的产品能否获得市场认可。因此，碳标签产品生产成本的提高是碳标签制度推行的另一大挑战。

参考文献

[1] 郭莉，崔强，陆敏. 低碳生活的新工具——碳标签[J]. 生态经济，2011(7)：84-86，94.

第8章　公众对碳标签产品的支付意愿

本章聚焦于公众碳标签产品支付意愿，首先回顾了消费者对碳标签产品的支付意愿及其影响因素的文献，并运用说服效应理论、合理行为理论和价值—信念—规范理论等消费者行为改变理论，构建公众碳标签产品支付意愿影响机制理论模型。运用条件价值评估法设计调查问卷并通过网络在线调查技术发放，获得了1787份有效问卷，通过因子分析、方差分析、构方程模型、中介效应检验等计量分析方法对上述问卷数据进行实证检验，逐一验证了构建的理论模型和研究假设，并得出研究结论。

8.1　支付意愿的影响因素分析

在消费者将对碳标签产品的购买意愿转化为购买行为的过程中，消费者的支付意愿是关键一环。同时，消费者的支付意愿将直接影响企业生产的积极性(刘鹤，2018)。

大部分理论研究均表明，消费者愿意为碳标签产品支付溢价，但不同地区的消费者对于不同类型的产品会产生不同程度的支付意愿。一项跨地区的研究表明，85%的瑞典人愿意为环保支付较高的价格，80%的加拿大人愿多付10%的钱购买对环境有益的产品，77%的日本人只挑选和购买有环保标志的产品(陈利顺，2009)。同样地，对6个欧洲国家的调研发现，消费者对碳标签的支付意愿高达20%，对于本地碳标签产品的支付意愿更高(Feucht and Zander，2018)。有学者对我国6个地区进行情境实验发现，随着学历层次、月收入水平、月家庭农产品消费额的提高，消费者的低碳产品支付意愿将随之增强；而经济较不发达地区对于碳标签的支付意愿不强烈，即小于10%（帅传敏等，2013）。

综上，学者们对不同类型不同地区消费者的支付意愿展开了研究，研究结果因地区人群而异。但目前来看，鲜有研究系统比较不同类型碳标签产品的支付意愿差异，缺乏针对性。尽管如此，“消费者对碳标签产品具有支付意愿，但程度不同”的论断已逐渐深入人心，对碳标签食品支付意愿影响因素的研究也日益兴起。

探究影响消费者支付意愿的因素是进一步提高其支付意愿的关键。国内外学者就这一议题展开了分析，在研究过程中尝试把低碳消费行为的影响因素纳入考虑范畴，既考虑影响低碳消费行为的共性，又融入碳标签支付意愿的个性，从而识别出碳标签支付意愿的影响因素。本章在进行文献回顾时将两者结合起来归纳分析。

通过文献梳理发现，人口统计特征、环境意识、对碳标签的认知、对碳标签的态度和宣传教育是影响消费者碳标签支付意愿的五类主要因素。

8.1.1　人口统计特征

人口统计特征，包括个体的性别、年龄、学历、收入水平、户籍、职业、受教育水平和婚姻状况等多种客观因素，可以比较全面地反映一个人的社会经济状况。

最早有关低碳消费行为影响因素的研究可以追溯到20世纪70年代，有研究发现女性、中年以下、教育程度高和社会经济状况在中等以上的人群更容易产生低碳消费行为（Anderson et al.，1972）。

随后，更多有关人口统计特征影响因素的实证研究不断涌现。但这类研究往往难以获得一致结论，许多结果甚至相互矛盾。有研究发现，高收入、高学历和高年龄的消费者更愿意购买低碳产品，而职业、性别对其支付意愿影响不显著（Bougherara，2009）。但对欧洲消费者的调查发现,年龄小且受过良好教育的女性更愿意购买低碳产品(Brécard,2009)。还有研究发现,性别、年龄和受教育程度是影响德国消费者支付意愿的三大因素(Achtnicht,2012)。在国内,收入越高,对碳标签产品支付的价格也越高(庞晶,2011)。年龄、职业、学历和可支配收入等因素对低碳消费行为有显著影响(谢守红等,2013)。

因此,尽管不同实证研究测度的影响因素的显著性不尽相同,但性别、年龄、收入、受教育水平和职业是五个可能产生影响的因素。

8.1.2 环境意识

目前学界尚无对"环境意识"一词统一规范的定义,但从本质上来看,环境意识有一基本内核,即反映人们对人与自然之间关系的看法(周志家,2008)。早期研究中,环境意识通常包括环境知识、环境价值观、环境保护态度和环境保护行为四个方面(王民,2000;余谋昌,1995)。但随着研究的深入,越来越多的学者认为不应当将环境保护行为纳入环境意识的范畴,而应当将环境行为作为一个独立的变量来看待(Diekmann and Preisendörfer,1991)。综合学界对环境意识的定义及其测量量表,本书认为环境意识主要包括对人与自然关系的理解以及对环境问题的认识。

消费者的环境意识决定了其购买低碳产品的行为(Tanner et al.,2003)。对千禧一代的研究表明,75%的受试者具有高环境意识,这极大促进其低碳消费行为(Naderi and Steenburg,2018)。通过对香港地区的大规模调查发现,对环境问题有更高认识的消费者有更高的碳标签支付意愿(Wong et al.,2020)。环境意识对低碳购买行为的影响具有不确定性,据此可将消费者分为低意识弱行为、高意识弱行为、低意识强行为和高意识强行为4类(刘文龙,2019)。通过对2010年中国综合社会调查(CGSS)的数据分析发现,气候变化意识对环保支付意愿和减排行为有显著正向影响(邵慧婷,2019)。

8.1.3　对碳标签的认知

对碳标签的认知即指对碳标签的了解程度、对其所表达信息的理解程度和对碳标签所将带来的低碳消费和低碳生产的认知程度。

尽管许多研究表明，碳标签的存在可能对消费者的购买决策产生正向影响(Gibon，2009；Lee，2016；Saunders，2011；Yvonne and Katrin，2018)，但消费者对碳标签的认知在很大程度上制约了这种影响(Kasterine，2010)。若消费者对碳标签的认知度较低，其对碳标签的支付意愿也较低。若没有额外的解释信息，消费者对于碳标签的理解程度较低，从而选择购买碳标签产品的意愿也较低(Upham et al.，2011)。有学者则从另一角度证明了这一观点，通过对澳大利亚巴利纳镇 2890 种商品进行为期两周的碳标签实验性销售，发现当提供足够的碳标签引导信息后，消费者会调整其购买行为(Vanclay，2011)。有学者进一步指出由于不良的沟通和市场推广，高达 89%的消费者在理解碳标签方面存在困惑(Gadema，2011)。有学者发现通过了解碳标签信息，消费者将更易转向低碳消费(Perino，2014)。国内学者同样研究证明了碳标签认知在碳标签产品支付意愿中的重要性(常楠楠，2014；张露，2014；周应恒，2004)。

由此可见，消费者对碳标签的认知度将极大影响其对碳标签产品的支付意愿。

8.1.4　对碳标签的态度

消费者对碳标签的态度即指其对碳标签产品或低碳消费行为所秉承的信念、情感和行为意图的集合。

国内外大部分研究均表明消费者态度与碳标签产品支付意愿存在显著相关性。有研究通过电话随机选取欧洲 15 岁及以上的 26500 位消费者，调查其对可持续生产和消费的态度(Gibbon，2009)。结果表明，47%

的受访者认为环境标签在购买决策中扮演着重要角色;92%的受访者表示对碳标签有强烈的兴趣。通过调查英国和日本消费者对食品可持续凭证的认知和偏好,发现环境因素在消费者购买决策中起着重要作用,同时英国消费者对碳标签的认知度远高于日本消费者(Saunders et al.,2011)。有研究通过在线调查与面对面访谈了解到碳标签在一定程度上可以增加消费者对于低碳产品的购买(Yvonne and Katrin,2018)。Lee(2016)也得出了类似的研究结果。

由此可见,消费者对碳标签的态度也是影响其支付意愿的一大因素。事实上,消费者环境意识、对碳标签的认知和对碳标签的态度三者之间存在着密切联系。消费者对环境的关注越多,对碳标签产品的态度就越积极(Trivedi et al.,2018),而对碳标签产品态度越积极的消费者,其支付意愿也就越高(Chan,2016)。低碳消费行为最重要的影响因素之一在于态度,消费者态度的改变源于环保知识的增加(Kollmuss et al.,2002)。

因此,环境意识的提高和对碳标签认知的提高都有利于正向改变消费者对碳标签产品的态度,进而增强其碳标签支付意愿,三者的具体逻辑关键可见图 8-1。

图 8-1 环境意识、对碳标签认知、态度与支付意愿四者逻辑关系

8.1.5 宣传教育

世界各地的消费者均对碳标签产品呈现出不同程度的消费偏好,碳标签在购买决策中起到正向影响。但目前来看,绝大多数消费者对于碳标签的认知程度十分有限,存在对于碳标签信息获取的不完全性和理解

的不确定性。因此，在消费者将其购买意愿转化为购买行为的过程中，利用宣传教育提高其对碳标签产品的认知至关重要。

宣传教育有利于增加消费者对特定产品的购买行为（Kumar and Raju，2013）。对香港1000余名消费者进行调查发现，若进行大规模的绿色宣传教育，消费者将更易于接受低碳产品（Eugene，2019）。在国内，通过对杭州地区居民低碳行为的研究发现，由于成效显著的低碳宣传教育，杭州市常住居民的二氧化碳排放量较之于周边县市居民低59.6%（朱臻等，2001）。以北京市为例，研究发现宣传教育对低碳消费行为的影响最大（李向前，2019）。

因此，加大对于碳标签的宣传教育将有利于增强消费者对于碳标签产品的支付意愿。

综上，人口统计特征（包括性别、年龄、收入、受教育水平和职业）、环境意识、对碳标签的认知、对碳标签的态度和宣传教育是影响消费者对碳标签产品支付意愿的五大因素。此外，碳标签产品本身的质量、性能和品牌也是影响消费者支付意愿的另一因素（Cason，2002；Sammer et al.，2006）。

8.2　支付意愿影响机制模型的构建

本节将具体就公众碳标签产品支付意愿影响机制的理论建模过程进行阐述。在总结说服效应理论、合理行为理论和价值—信念—规范理论等消费者行为改变理论的基础上，本节提出了模型的五大维度并进行理论分析，在此基础上提出研究假设，形成概念模型。

8.2.1 相关理论基础

消费者行为研究覆盖心理学、社会学和管理学等多种学科，国内外学者们从不同角度出发，探讨影响消费者行为的多种因素，并在此基础上建立了消费者行为理论模型。

本书研究的重点——消费者支付意愿属于消费者行为领域。对此，本书选取该领域中的三大重要理论：说服效应理论、合理行为理论和价值—信念—规范理论进行详细阐述，并对上述理论进行归纳总结。

1. *说服效应理论*

说服效应最早源于学习理论准则，由学者霍夫兰、贾尼斯和凯利于1953年首次提出，是指在面临说服性信息时，消费者态度发生转变并影响其决策行为的一种现象(马向阳和徐富明，2012)。国外学者认为说服是一种"利用交流来改变态度进而改变行为"的行为，而信息则是交流的关键部分(Foxall and Goldsmith，1998)。目前，有关说服效应的理论模型主要包括精细可能性模型、启发—系统式模型和自我功效理论。在上述三种模型中，"信息"均是产生说服效应最关键的因素。因此，根据已有理论模型和学者们有关影响说服效应因素的研究，可以归纳得出说服效应的三大影响因素：信息源、传播渠道和信息接收者。

(1)信息源

信息源的可信度是说服效应的一大影响因素，将极大影响消费者态度。其中可信度具体包括专业性和可靠性，专业性和可靠性越高，其说服效应也越强。在商业广告中，常常会出现运动员给能量棒代言、牙科医生给牙膏代言和娱乐明星给化妆品代言的情形。这类情形正是利用了消费者更容易被可靠专业的信息所说服的特质。学者针对此类情况进行实证研究，发现消费者更容易对运动员代言的能量棒产品产生积极态度，进而进行购买(Till and Michael，2000)。

(2)传播渠道

在有关信息传播渠道的研究中,不论是精细可能性模型提出的中心路径与旁侧路径,还是启发—系统式模型中的系统式思考和启发式思考,均表明信息可以通过正式渠道和非正式渠道传播。其中,正式渠道包括电视广告等由营销人员控制的渠道,非正式渠道包括熟人介绍等不受营销人员控制的渠道。在现实生活中,非正式渠道往往比正式渠道有更强的影响力(王建明,2012)。在正式渠道与非正式渠道之外,还存在第三种中立渠道(Foxall et al.,1998)。福克萨尔认为由第三方机构撰写的产品分析报告等属于中立渠道,这种渠道往往可信度较高,但获取成本也较高。

(3)信息接收者

对于信息接收者也即个体消费者来说,情绪以及事件卷入度均是影响说服效应的因素。

①情绪

已有研究表明,当信息接收者处于积极情绪时,不会对信息进行深度加工,边缘碎片信息更容易被接收者接受;反之,当信息接收者处于消极情绪时,更愿意对信息进行深度加工,中心信息更容易被接受。研究者还发现,当个体处于悲伤状态时,更容易被信息所说服。

②事件卷入度

事件卷入度主要指所接收的信息对个体的重要程度。具体指信息主旨、个体价值观念和个体当前目标等因素与信息的关联程度,关联程度越高,事件卷入度越高,进而信息的说服效应也越强。

2. 合理行为理论

合理行为理论由学者阿杰恩和费斯宾 1975 年提出,认为个体对行为的态度和主观规范决定了其行为意向。其中,"态度"由个体对行为结果的主要信念和对结果重要程度的估计所组成;"主观规范"指个体对期望的感知和符合期望意愿的组合;"行为意向"指个体对于进行某种具体行为的意愿强度。此外，他们指出，在预测个体行为中，态度和规范可以存在不同的影响权重。

进一步地，学者采用数学公式诠释了该理论中各要素的关系，具体如下所示：

$$BI=(A_B)W_1+(SN)W_2$$

其中，BI 表示行为意向，A_B 表示态度，SN 表示主观规范，W_1 和 W_2 表示两者相对应的权重。

米勒以举例的形式重新对合理行为理论中的各要素进行了定义(Miller,2005)。他认为“态度”是个体对特定行为信念的集合和对这些信念评估的权衡，也即在态度要素中加入了权衡评估；“主观规范”个体所处的社会环境对行为意向的影响，更为直接可观；“行为意向”是有关态度与主观规范的函数，可以预测具体行为(如图 8-2 所示)。

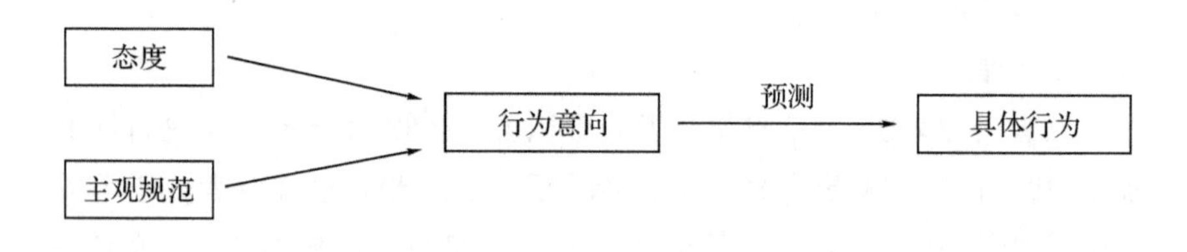

图 8-2 合理行为理论模型

3. 价值—信念—规范理论

价值—信念—规范理论是由学者在规范激活理论的基础上，融合价值理论和新环境范式理论而建立的(Stern, 2000)。该理论被提出后，已被大量应用于公众环保行为的研究，可预测性良好。如以价值—信念—规范理论为基础，研究公众为郊区公园支付意愿的影响因素(Natalia and Mercedes, 2012)。

具体来看，价值—信念—规范理论包括价值、新环境范式、结果意识、责任归属和个体规范这五个因果相接的变量，具体含义如下。

(1)价值

价值是价值—信念—规范理论的基础和第一个变量。不同的价值取向会直接影响个体的环保意愿。斯特恩在前人研究的基础上将价值取向分为三类:分别是利己价值取向、利他价值取向和利生物圈价值取向。利己价值取向是指个体在社会行为中往往最大化自身利益;利他价值取向是指个体在实施环保行为时,会注重其他群体的福利,尽可能实现社会群体利益的最大化;利生物圈价值取向与其他价值取向的不同在于这类群体不仅会考虑到群体的福利,还会考虑非人类物种的利益,谋求所有物种的生态平衡。

(2)新环境范式

新环境范式强调环境因素对人类社会的影响和制约,认为人类的行为已经对生态环境持续造成不利影响。随后,邓拉普提出新环境范式量表,包含对增长极限的看法、对生态平衡的看法和对人类与自然关系的看法。

(3)结果意识与责任归属

结果意识是指个体因没有执行目标行为而对他人或其他事物造成不良后果的意识;责任归属是指个体由于没有执行目标行为而产生的不良后果的责任感。结果意识和责任归属往往作为个体内在价值与规范的中介变量。

(4)个体规范

个体规范定义为特定情况下个体实施具体行为的自我期望。个体规范是被内化了的社会规范,若个体违背社会规范将会产生罪恶感、自我否定等情绪。作为因果链中最后一个变量,个体规范被认为与个体行为关联最密切。

在上述变量中,价值是基础变量,进而影响个体的新环境范式(也即环境关心)、结果意识与责任归属,进而影响个体规范,从而导致个体环保行为的发生(如图 8-3 所示)。

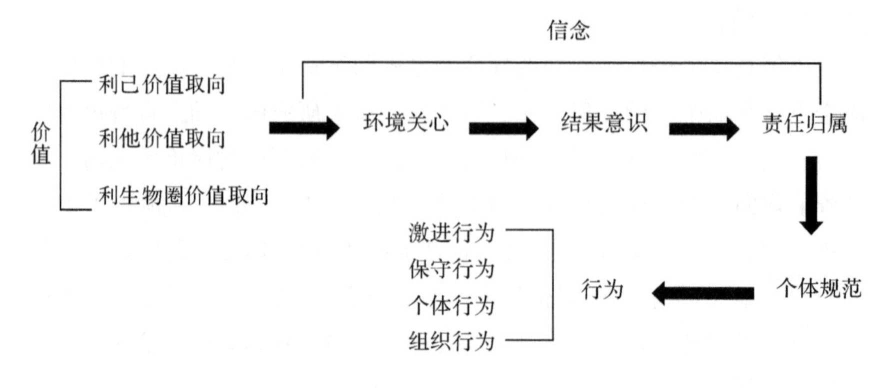

图 8-3 价值—信念—规范理论模型

8.2.2 相关理论的启示

1. 说服效应理论的启示及应用

说服效应理论认为个体面临说服性信息时态度会发生改变，进而影响决策行为。信息源的可靠性与专业性、信息传播渠道与信息接收者的情绪和事件卷入度都会影响说服效应。在碳标签产品的市场推广中，碳标签即为一种说服性信息。在消费者碳标签产品支付意愿的影响因素这一研究中，说服效应理论可以提供的启示如下。

(1)从信息源来看，碳标签信息的专业可靠性是影响消费者对碳标签认知及态度的重要因素。因此，应当加强碳标签信息的专业可靠性，联合专业的第三方认证机构完成对碳标签的认证。

(2)从传播渠道来看，增强消费者对碳标签产品的支付意愿需要兼顾正式渠道和非正式渠道，从而增强产品对消费者的影响力。

(3)从信息接收者来看，个体的情绪和事件卷入度均和性别、年龄、收入和学历等人口统计特征相关，也与其环境意识有关。因此个体的人口统计特征和环境意识将影响对碳标签产品的接受度。

2. 合理行为理论的启示

合理行为理论认为个体的行为意向由个体对行为的态度和主观规范决定，而行为意向将直接引致具体行为。因此，在消费者购买碳标签产品这一具体行为中，合理行为理论可以提供的启示如下。

(1)消费者对碳标签产品的支付意愿即为消费者购买碳标签产品的行为意向，增强消费者对碳标签产品的支付意愿将很大程度上促进消费者的购买行为。

(2)消费者对碳标签的态度及其主观规范是影响消费者支付意愿的重要因素。

3. 价值—信念—规范理论的启示

价值—信念—规范理论认为价值、新环境范式、结果意识、责任归属和个体规范将影响个体环保行为。因此在消费者碳标签产品支付意愿的影响因素研究中，价值—信念—规范理论可以提供的启示如下。

(1)在考虑影响消费者支付意愿的因素时应当着重考虑个体内因，加强对消费者环境意识以及对碳标签态度的了解。

(2)个体内因(如价值、结果意识、责任归属和个体规范等)可以通过宣传教育加以影响，因此要同样注重环境意识和碳标签的宣传教育。

8.2.3　理论模型的构建

本节首先基于文献回顾与理论基础对公众碳标签产品支付意愿影响机制模型进行分析，提出五大理论维度，并进一步明确模型中的观测变量与潜变量；接下来提出不同理论维度的研究假设，并由此建立概念模型。

1. 模型维度的理论分析

基于说服效应理论、合理行为理论和价值—信念—规范理论中提出的消费者行为改变的因素，结合国内外学者的发现，本书将环境意识、消费者对碳标签的认知、对碳标签的态度、宣传教育和支付意愿作为影响机制模型的五大维度，构建大学生碳标签食品支付意愿影响机制模型。

(1)环境意识

目前学界尚未对“环境意识”有统一规范的定义，但一般认为包括环境知识、环境价值观、环境保护态度和环境保护行为四个方面(王民，2000；余谋昌，1995)。与此同时，有研究提出了环境意识的量表。有学者认为，有环境意识的人具备以下特点：①对整体环境的感知和敏感性；②对环境问题了解并具有经验；③具有价值观及关心环境的情感；④具有辨认和解决环境问题的能力；⑤参与各阶层解决环境问题的工作(Roth，1992)。综合学界对环境意识的定义及其量表，本书认为环境意识包括环境价值观、环境知识和个体规范。

基于上述定义，借鉴有关环境意识量表和价值—信念—规范理论中有关个体内因的阐述(Roth，1992)，笔者将环境意识的测量分为三个层面：①价值观层面，测量大学生对人与自然关系的理解；②环境知识层面，测量大学生对环境问题的认识和对环境政策的了解度；③个体规范层面，测量大学生对低碳行为的意识度和对于高碳行为的容忍度。

(2)对碳标签的认知

已有研究表明，消费者对碳标签的认知很大程度上影响其对碳标签产品的支付意愿(Kasterine，2010；Hartikainen，2014)。研究发现当提供足够的碳标签信息后，消费者会调整购买行为(Vanclay，2011)。此外，不同的碳标签设计形式将引发消费者对于碳标签产品不同的态度(Yvonne and Katrin,2018)。基于上述研究，本书将消费者对碳标签的认知定义为对碳标签的了解程度和对其所表达信息的理解程度。

结合碳标签设计形式在碳标签推广中的重要性这一现实情况，本书将对碳标签认知的测量分为三个层面：①对碳标签的了解程度；②对碳标签所表达信息的理解程度；③对碳标签不同设计形式的偏好。

(3)对碳标签的态度

国内外大部分研究均表明消费者对碳标签的态度与支付意愿存在显

著相关性(Lee, 2016)。在合理行为理论中,态度是个体对行为结果的主要信念和对结果重要程度的集合(Ajzen and Fishbein, 1980);态度是个体对特定行为信念的集合和对这些信念评估的权衡(Miller, 2005)。综上,本书认为消费者对碳标签的态度是对碳标签产品所秉持的信念、情感和行为意图的集合。

笔者将对碳标签态度的测量分为四个层面:①碳标签是否为区分高低碳产品的重要标志;②对碳标签是否应该被推广的态度;③对碳标签产品的感兴趣程度;④对碳标签将带来的低碳消费和低碳生产的肯定程度。

(4)宣传教育

说服效应理论和价值—信念—规范理论均在不同程度上肯定了宣传教育对于消费者个体信息获取和态度改变的重要性。已有研究表明,加强对碳标签的宣传教育有利于增强消费者对碳标签产品的支付意愿(Eugene, 2019; Kumar and Raju, 2013; Maichum, 2016)。

因此,本书将宣传教育作为影响机制模型的一大外生维度,借鉴张露(2014)的测量量表,将对宣传教育的测量分为三个层面:①大学生对当前碳标签宣传教育的评价;②大学生接受碳标签宣传教育活动的意愿;③大学生主动进行碳标签宣传教育的意愿。

(5)支付意愿

支付意愿(willingness to pay, 以下简称 WTP)是指分配给产品的假设值(Frash, 2015),通常用于估算非市场商品价格,是一种被广泛使用的估值方法。本书采用条件价值评估法(contingent valuation method, 以下简称 CVM)构建假想市场,询问大学生消费群体对于碳标签食品的支付意愿。

基于 CVM 法在测量 WTP 中的应用,本书对 WTP 的询问主要分为以下两个层面:①询问大学生消费者是否愿意为碳标签食品支付溢价;②询问其愿意支付多高水平的溢价。同时,在具体食品的选择上,本书将选取三种不同类别的食品逐一进行支付意愿的调查,以进一步获取大学生消费者对于不同碳标签食品的支付意愿。

除上述五大理论维度外，还需特别注意人口统计特征。人口统计特征最早被引入消费者碳标签食品支付意愿影响因素的研究。随后各类实证研究涌现，所得因素的显著性尽管不尽相同，但性别、年龄、收入、受教育水平和职业是五个可能产生影响的维度(Bougherara，2009；Brécard，2009；Achtnicht，2012；庞晶，2011；谢守红，2013)。基于大学生群体整体受教育水平相近、年龄相仿的事实，结合我国二元户籍制度的特殊国情，将具体从以下四个层面测量人口统计特征：(1)性别；(2)基于本科生、硕士研究生和博士研究生划分的学历；(3)基于城市和农村划分的户籍；(4)基于月生活费和家庭年收入测量的个体收入水平。

由于人口统计特征变量多为分类变量，与结构方程模型要求的连续型变量不符，不适用于进行结构方程模型分析，因此本书不将人口统计特征变量纳入模型，对其单独进行检验。

综上所述，本书将环境意识作为大学生消费者的个体内因，宣传教育作为社会外因，对碳标签的认知和态度作为有关碳标签的因素，确立了大学生碳标签食品支付意愿影响机制模型的理论维度(如图 8-4 所示)，最后考虑人口统计特征进行检验，探究其对支付意愿的影响。

2. 研究假设与概念模型

基于上述五大理论维度，本书进一步提出用于实证检验的研究假设(如表 8-1 所示)，即环境意识、消费者对碳标签的认知、消费者对碳标签的态度和宣传教育均会对消费者支付意愿产生显著正向影响。同时消费者对碳标签的认知、消费者对碳标签的态度在环境意识提升支付意愿和宣传教育提升支付意愿过程中具有中介作用，具体分析如下。

(1)基于环境意识维度的假设

消费者的环境意识是影响其购买低碳产品的决定因素(Tanner et al.，2003)。通过对香港地区的大规模调查发现，对环境问题有更高认识的消费者有更高的碳标签支付意愿(Wong et al.，2020)。基于理论

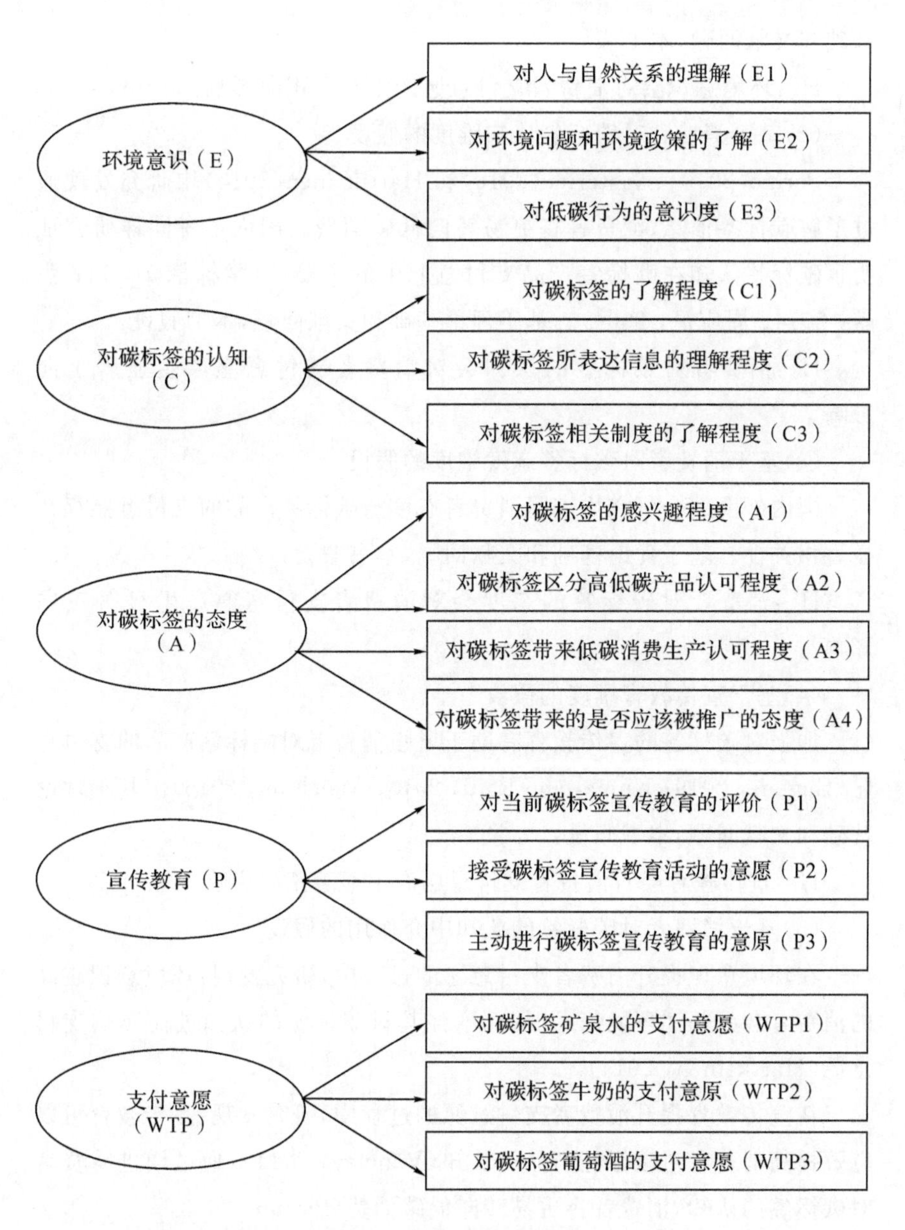

环境意识（E）
对人与自然关系的理解（E1）
对环境问题和环境政策的了解（E2）
对低碳行为的意识度（E3）
对碳标签的认知（C）
对碳标签的了解程度（C1）
对碳标签所表达信息的理解程度（C2）
对碳标签相关制度的了解程度（C3）
对碳标签的态度（A）
对碳标签的感兴趣程度（A1）
对碳标签区分高低碳产品认可程度（A2）
对碳标签带来低碳消费生产认可程度（A3）
对碳标签带来的是否应该被推广的态度（A4）
宣传教育（P）
对当前碳标签宣传教育的评价（P1）
接受碳标签宣传教育活动的意愿（P2）
主动进行碳标签宣传教育的意原（P3）
支付意愿（WTP）
对碳标签矿泉水的支付意愿（WTP1）
对碳标签牛奶的支付意原（WTP2）
对碳标签葡萄酒的支付意愿（WTP3）

图 8-4　模型的理论维度

基础和文献回顾，本书假设：

H_E：环境意识会对消费者支付意愿产生显著正向影响。

(2)基于消费者对碳标签认知维度的假设

Perino(2013)、Kasterine(2010)和 Hartikainen(2014)均研究发现通过了解碳标签信息，消费者将更易转向低碳消费。国内学者同样研究证明了碳标签认知在碳标签产品支付意愿中的重要性(常楠楠，2014；张露，2014；周应恒，2004)。基于理论基础和文献回顾，本书假设：

H_C：消费者对碳标签的认知会对消费者支付意愿产生显著正向影响。

(3)基于消费者对碳标签态度维度的假设

国内外大部分研究均表明消费者态度与碳标签产品的支付意愿存在显著相关性。基于理论基础和文献回顾，本书假设：

H_A：消费者对碳标签的态度会对消费者支付意愿产生显著正向影响。

(4)基于宣传教育维度的假设

加强对碳标签的宣传教育有助于增强消费者对碳标签产品的支付意愿(Eugene，2019；Kumar and Raju，2013；Maichum，2016)。基于理论基础和文献回顾，本书假设：

H_P：宣传教育会对消费者支付意愿产生显著正向影响。

(5)基于消费者对碳标签的认知中介作用的假设

在环境意识提升消费者支付意愿的过程中，研究发现：环境意识越高的消费者会更关注环境信息，从而增强其对碳标签的认知进而影响支付意愿(Hartkainen，2014)。

在宣传教育提升消费者支付意愿的过程中，研究发现：宣传教育可以有效提高消费者对碳标签产品的认知(Vanclay，2011)，通过增进消费者对碳标签的认知，消费者将更易转向低碳消费(Perino，2013)。

因此，本书假设消费者对碳标签的认知在环境意识提升支付意愿和宣传教育提升支付意愿过程中具有中介作用。

H_{CE}:对碳标签的认知在环境意识提升支付意愿过程中具有中介作用。

H_{CP}:对碳标签的认知在宣传教育提升支付意愿过程中具有中介作用。

(6)基于消费者对碳标签的态度中介作用的假设

环境意识提升消费者支付意愿的研究发现,消费者低碳消费行为最重要的影响因素在于态度,而态度的改变源于环保知识的增加(Kollmuss et al.,2002)。

宣传教育提升消费者支付意愿的研究发现,消费者所接受的宣传教育越多,对碳标签产品就越感兴趣,从而将积极态度转为实际购买行为(Kim,2018)。

因此,本书假设消费者对碳标签的态度在环境意识提升支付意愿和宣传教育提升支付意愿过程中具有中介作用。

H_{AE}:对碳标签的态度在环境意识提升支付意愿过程中具有中介作用。

H_{AP}:对碳标签的态度在宣传教育提升支付意愿过程中具有中介作用。

(7)基于消费者对碳标签的认知、态度链式中介作用的假设

研究发现,消费者对碳标签产品的认知越深入,其对碳标签态度就越积极(Trivedi et al.,2018)。因此,本书假设消费者对碳标签的认知、态度在环境意识提升支付意愿和宣传教育提升支付意愿过程中具有链式中介作用。

H_{CAE}:对碳标签的认知和态度在环境意识提升支付意愿过程中具有链式中介作用。

H_{CAP}:对碳标签的认知和态度在宣传教育提升支付意愿过程中具有链式中介作用。

表 8-1 研究假设与作用关系

研究假设	作用关系
H_E:环境意识会对消费者支付意愿产生显著正向影响	因果关系
H_C:对碳标签的认知会对消费者支付意愿产生显著正向影响	因果关系
H_A:对碳标签的态度会对消费者支付意愿产生显著正向影响	因果关系
H_P:宣传教育会对消费者支付意愿产生显著正向影响	因果关系
H_{CE}:对碳标签的认知在环境意识提升支付意愿过程中具有中介作用	中介作用
H_{CP}:对碳标签的认知在宣传教育提升支付意愿过程中具有中介作用	中介作用
H_{AE}:对碳标签的态度在环境意识提升支付意愿过程中具有中介作用	中介作用
H_{AP}:对碳标签的态度在宣传教育提升支付意愿过程中具有中介作用	中介作用
H_{CAE}:对碳标签的认知和态度在环境意识提升支付意愿过程中具有链式中介作用	中介作用
H_{CAP}:对碳标签的认知和态度在宣传教育提升支付意愿过程中具有链式中介作用	中介作用

综上所述,本书以环境意识、对碳标签的认知、对碳标签的态度、宣传教育和支付意愿作为模型的五大维度,并基于研究假设提出对应的模型路径,构建公众碳标签产品支付意愿影响机制模型,如图 8-5 所示,其中实线表示因果关系,虚线表示中介作用。

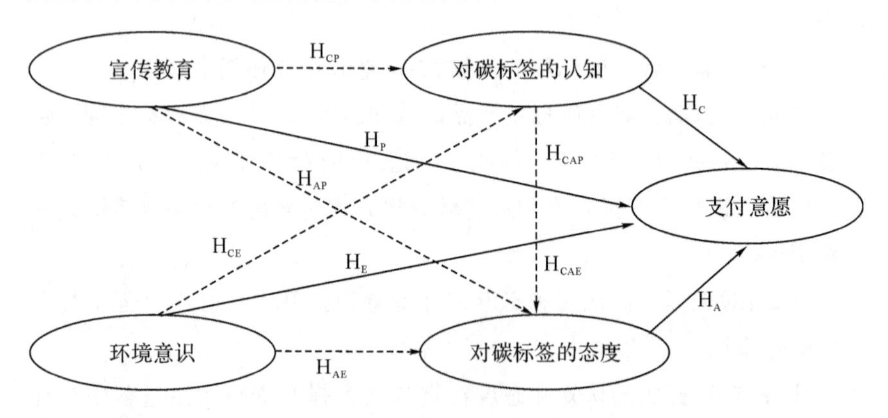

图 8-5 公众碳标签产品支付意愿影响机制概念模型

8.3　消费者对碳标签食品的平均支付意愿及其影响因素调查

本节首先将对研究所用方法和实证检验数据来源进行阐述。接下来将基于问卷所获数据，围绕大学生消费者对碳标签食品的支付意愿及其影响因素展开实证检验，探究其对碳标签食品的平均支付意愿及其影响因素。

8.3.1　方法与数据

1. *方法基础*

环境产品的支付意愿通常表现为非市场价值评估，常见的测度支付意愿的技术分为揭示偏好法和陈述偏好法两类。其中揭示偏好法利用个体在真实市场或模拟市场中的行为来推导环境产品的价值；而陈述偏好法则指在假想市场的环境下，直接通过调查个体的回答来获取环境产品的价值。相较于揭示偏好法，陈述偏好法更为灵活，应用范围更广，可以同时评估环境产品的使用价值与非使用价值。对于碳标签产品来说，真实市场尚未建立，且更多衡量其非使用价值，对此本书选用典型的陈述偏好评估法——CVM，进行支付意愿的测量。下文将具体阐述CVM基本内涵和在本书的应用。

(1)CVM的基本内涵

作为一种典型的陈述偏好评估法，CVM是指在假想市场下，直接调查和询问人们对某一环节效益改善或资源保护措施的支付意愿，是资源环境物品价值评估的权威方法(Marcos，2010)。自20世纪90年代后期被引入我国以来，CVM的应用越来越广泛。

概括来说，CVM研究的基本步骤如下：(1)创建假想市场；(2)获得个人的支付意愿；(3)估计平均支付意愿；(4)估计支付意愿曲线。在具体应用 CVM 进行研究时，问卷的情景描述和支付意愿的具体设问方式是核心和关键。下文将具体就情景描述内容和支付意愿的设问方式进行阐述。

(2)CVM 的应用

本书应用 CVM 设定大学生消费者购买食品的市场环境，并运用支付卡式设问方式衡量其支付意愿，具体表现如下。

①情景描述

应用 CVM 进行研究时有一暗含的假设，即消费者处于一个与真实市场环境无异的假想市场，消费者在假想市场中所作出的行为选择与真实市场是一致的。一个完整的 CVM 情景描述应当包括假想商品的状态、消费者的购买方式以及所处市场的相关情况三部分。

对此，笔者首先对碳标签进行了一个背景介绍，详述其内涵；接下来进行情景描述如下："您到经常去的超市购买食品。假设货架上摆放的食品分为加贴低碳标签和没有加贴碳标签的食品两类。这两类食品的外观、口感以及营养成分都是一样的，但加贴低碳标签食品的原料采购、运输以及生产的全过程相较普通食品更为低碳环保，所产生的碳排放较普通食品少，随之带来的环境效益更大。由于技术的限制，加贴低碳标签食品的价格将高于普通食品。"

为了更为生动形象地呈现真实情境，我们还将在问卷中附上加贴碳标签的食品与不加贴碳标签食品的图片，以更为直观的形式让消费者置身于假想市场中。

②支付意愿的具体设问方式

如何通过特定的设问方式，诱导得出消费者的支付意愿始终是 CVM 法中最核心的部分。在 CVM 应用于研究并不断发展的几十年中，逐渐形成了连续型问卷模式和离散型问卷模式两类。其中连续型问卷模式包括投标博弈法、开放式以及支付卡片式；离散型包括单边界二分式法与双边界二分式法(如表 8-2 所示)。不同问卷模式所对应的计量模型有所不同。

表 8-2　CVM 的几种主要设问方式

<table>
<tr><th colspan="2">问卷模式</th><th>主要特征</th></tr>
<tr><td rowspan="3">连续型</td><td>投标博弈法</td><td>不断调整投标额，直到询问出消费者的最大支付意愿</td></tr>
<tr><td>开放式</td><td>直接询问消费者的最大支付意愿</td></tr>
<tr><td>支付卡式</td><td>给定一组投标数额，让消费者从中选出最大支付意愿</td></tr>
<tr><td rowspan="2">离散型</td><td>单边界二分式法</td><td>随机给定消费者一个投标额，仅询问其能否接受</td></tr>
<tr><td>双边界二分式法</td><td>随机给定消费者一个投标额，若消费者愿意接受，则跟进询问是否愿意接受高于初始投标额的价格；反之则询问是否愿意接受低于初始投标额的价格</td></tr>
</table>

纵观近年来国内外学者有关 CVM 的研究，投标博弈法和开放式因其问题难以真实反映消费者意愿且偏差较大逐渐淡出视野，支付卡式和单/双边界二分式日益成为主流方法。支付卡式设问方式一方面可以解决开放式环境下消费者难以直接处理陌生问题的困境，从而避免过高或过低评价；另一方面相较于单/双边界二分式操作简单，成本较低，有利于提高调研有效反馈率。因此，本书选择支付卡式设问方式，通过市场调研和问卷预调研确认实证研究选取的三种食品以及对应的投标额。

首先，在食品选择层面，通过前期对于超市的实地走访观察以及对大学生日常生活习惯的了解，本书首先选取矿泉水和牛奶这两类日常使用频率较高的食品进行调研，同时加入葡萄酒这一价格稍高的食品，形成三类食品的价格梯度。其次，通过对市场价格的调研，确定矿泉水的平均价格为 2 元/550ml/瓶，牛奶的平均价格为 3.5 元/250ml/盒，葡萄酒的平均价格为 25～65 元/750ml/瓶①。

其次，在投标额设定层面，通过前期小范围预调研，根据被试者支付

① 通过初步的市场调研，本书发现市场上葡萄酒的种类繁多，价格梯度较大。对此本书将高端晚宴用葡萄酒排除在外，将视角聚焦于中低端葡萄酒，并以我国三大红酒品牌（长城、张裕和王朝）的三类不同档次葡萄酒加权平均得此价格范围。

意愿确立了 5 个投标额：分别为溢价 5％、溢价 10％、溢价 20％、溢价 30％和溢价 50％。具体来看，对于矿泉水来说，其投标额分别为多支付 0.1 元、0.2 元、0.4 元、0.6 元和 1 元；对于牛奶来说，其投标额分别为多支付 0.18 元、0.35 元、0.6 元、1.05 元和 1.75 元；对于葡萄酒来说，其投标额分别为多支付 1.25～3.25 元、2.5～6.5 元、5～13 元、7.5～19.5 元和 12.5～32.3 元。同时，问卷还设定拒绝支付选项，并具体询问拒绝支付的原因。

图 8-6 为问卷中应用 CVM 法进行设问的具体形式：

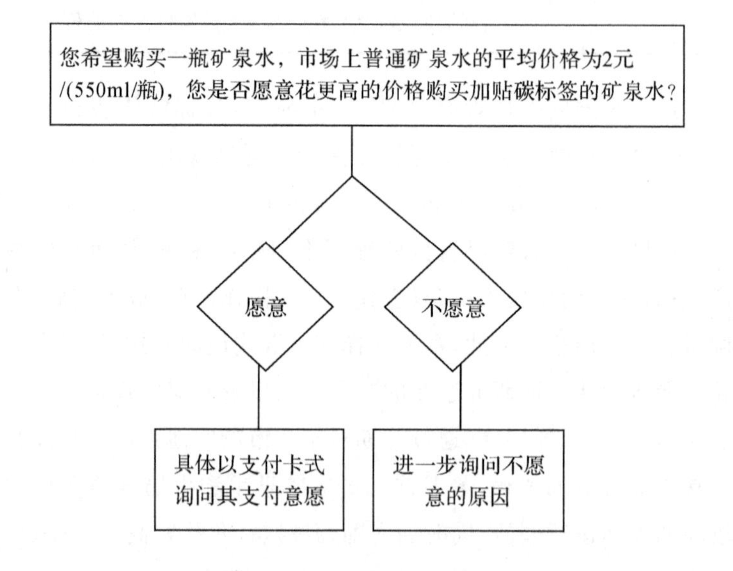

图 8-6　支付意愿具体设问方式(以矿泉水为例)

2. 数据来源

作为人类生存的必需品，食品消费的持续升级将对环境造成严重威胁。食品消费所产生的二氧化碳排放量在总排放量中的占比很高(凤振华，2010；吴燕，2012；王晓、齐晔，2013)，碳减排潜力也很大。从发达国家的实践来看，碳标签制度重点关注快消品、食品等与居民消费息息相关的产品,从而达到引导消费者选择环境友好生活方式的目的。但我国目前对于碳标签的探索主要集中于电子产品领域,对于食品领域碳标签支付意愿的研究有利于推动碳标签在更多行业推广。

大学生是一个特殊的消费群体,相较于其他消费者群体,该群体在消费认知、教育背景和接受能力等方面都具有明显优势:从认知上来说,该群体好奇心强,消费意识超前;从教育背景来说,该群体受教育程度高,成长环境较优良,对于气候变化也更为关注;从接受能力来说,该群体对新事物的接受能力强,消费成长性较高。碳标签在我国尚属新兴概念,且碳标签产品往往具有高溢价性,因此本书选取消费意识相对超前且消费成长性较高的大学生群体作为研究对象。此外,大学生群体人数众多且年龄段集中,需求旺盛,已经成为一个巨大的消费市场(张振英,2007)。

根据调研方案的设计,正式调查问卷在预调查后发放。由于本书主要研究碳标签食品,且调查对象为大学生消费者,因此以网络问卷的形式展开调研,采取简便抽样,并借助专业的线上问卷发放平台"问卷星"发放。为了进一步保证调查对象为大学生消费者,本书在问卷中特别设置"您是否为在校大学生(含硕博研究生)"这一题项,剔除无关人员。

经统计,本次调查共发放问卷 1878 份,经筛选后共回收有效问卷 1787 份,问卷有效回收率 95.2%。

8.3.2　实证检验

本节将基于问卷所获数据,围绕大学生对碳标签食品的支付意愿及其影响因素展开实证检验。在信效度检验的基础上,首先对问卷结果进行描述性统计;接下来根据 CVM 法计算得出大学生对碳标签食品的平均支付意愿,并探究不同类型食品平均支付意愿的差异;通过结构方程模型重点分析碳标签食品支付意愿的影响因素及影响路径,并与支付水平的影响因素进行了比较;最后就消费者偏好的碳标签设计形式展开了探讨。

1. 描述性统计分析

(1)样本构成

在回收的1787份有效问卷中，样本的人口统计特征如表8-3所示。男性被调查者为810名，女性被调查者为977名，分别占到总样本比例的45.3%和54.7%。从学历来看，本科在读大学生为1086名，占总样本比例的60.8%；博士研究生为103名，所占比例为5.6%；其余为专科生(16.4%)和硕士研究生(17.2%)。从年级分布来看，专科在读年级以大一学生为主，本科在读年级分布较为平均。从户籍来看，城市户籍人数多于农村户籍人数，分别占到总样本比例的65%和35%。从家庭常住地来看，城镇中心和城市中心的人数较多，分别占总样本比例的32.5%和30.4%。从月生活费来看，大多数学生的月生活费区间为1000～2000元，占总样本比例的55.3%。从家庭年收入来看，年收入为5～15万元、15～30万元的家庭较多，合计占总样本比例的60.2%。综上，本书获取的大学生样本基本符合我国大学生人口统计特征，具有较好的代表性。

(2)各变量描述性统计分析

下文将围绕环境意识、消费者对碳标签的认知、对碳标签的态度、宣传教育和支付意愿这五大变量，通过均值、标准差等数值来反映各项的平均分布情况。

表8-3　被调查者的人口统计特征

人口统计特征	参数	人数(人)	占总样本比例(%)	均值
性别	男=1	810	45.3	1.55
	女=2	977	54.7	
学历	专科在读=1	293	16.4	2.12
	本科在读=2	1086	60.8	
	硕士研究生在读=3	305	17.2	
	博士研究生在读=4	103	5.6	

续表

人口统计特征	参数	人数(人)	占总样本比例(%)	均值
年级(专科在读)	大一＝1	158	53.9	1.71
	大二＝2	63	21.5	
	大三＝3	72	24.6	
年级(本科在读)	大一＝1	173	15.9	2.82
	大二＝2	230	21.2	
	大三＝3	305	28.1	
	大四及以上＝4	378	34.8	
户籍	城市＝1	1161	65.0	1.35
	农村＝2	626	35.0	
家庭常住地	乡村＝1	356	19.9	2.58
	城镇中心＝2	580	32.5	
	城市郊区＝3	307	17.2	
	城市中心＝4	544	30.4	
月生活费	1000元以下＝1	178	10.0	2.36
	1000～2000元＝2	988	55.3	
	2000～3000元＝3	429	24.0	
	3000元以上＝4	192	10.7	
家庭年收入	5万以下＝1	347	19.4	2.57
	5～15万＝2	622	34.8	
	15～30万＝3	454	25.4	
	30～50万＝4	229	12.8	
	50～100万＝5	84	4.7	
	100万以上＝6	51	2.9	

(1)环境意识变量描述性统计分析

对环境意识变量的测量运用李克特五级量表并对其进行赋值，其中

1＝非常不认同，5＝非常认同。对人与自然关系的理解这一题项由具体4个问题构成，对环境问题和环境政策的了解由具体2个问题构成，对低碳行为的意识度由具体2个问题构成，表8-4呈现的均值为各项的平均值。

表8-4　环境意识变量描述性统计分析

测量变量	均值	具体维度	均值	标准差
环境意识	3.84	对人与自然关系的理解	3.8	1.1575
		对环境问题和环境政策的了解	3.82	1.1925
		对低碳行为的意识度	3.9	1.1145

由表8-4可知，大学生群体的环境意识平均值达到3.84分，介于"一般"与"比较认同"之间，且更接近于"比较认同"，表明大学生群体的整体环境意识较高，这也为后续进一步做有关碳标签食品的调研奠定了基础。

(2)对碳标签的认知变量描述性统计分析

本书对碳标签认知变量的测量运用李克特五级量表并对其进行赋值，其中1＝非常不认同，5＝非常认同。

表8-5　对碳标签的认知变量描述性统计分析

测量变量	均值	具体维度	均值	标准差
对碳标签的认知	3.39	对碳标签的了解程度	3.42	1.243
		对碳标签所表达信息的理解程度	3.49	1.106
		对碳标签相关制度的了解程度	3.27	1.235

由表8-5可知，相较于环境意识变量，大学生对碳标签的认知平均值较低，为3.39分，略高于"一般"水平。有累计33.5%的大学生表示自己从未听说过碳标签这个名词，37%的大学生表示对碳标签相关制度没有了解，这表明我国碳标签制度仍处于起步阶段，对于碳标签相关信息的宣传较少，大众认知度较低。

(3)对碳标签的态度变量描述性统计分析

对碳标签态度变量的测量运用李克特五级量表并对其进行赋值,其中1=非常不认同,5=非常认同。由表8-6可知,大学生对碳标签态度的平均值为3.85分,接近于“比较认同”。不同于对碳标签认知度较低的情况,大学生对碳标签的态度整体向好,有75.6%的大学生同意碳标签应该被广泛推广。

表8-6 对碳标签的态度变量描述性统计分析

测量变量	均值	具体维度	均值	标准差
对碳标签的态度	3.85	对碳标签的感兴趣程度	3.8	1.17
		对碳标签区分高低碳产品的认可程度	3.84	1.198
		对碳标签带来低碳消费与生产的认可程度	3.88	1.121
		对碳标签带来是否应该被推广的态度	3.86	1.187

(4)宣传教育变量描述性统计分析

对宣传教育变量的测量运用李克特五级量表并对其进行赋值,其中1=非常不认同,5=非常认同。对当前碳标签宣传教育的评价由具体2个题项构成,表8-7所呈现的均值为2个题项的平均值。

表8-7 宣传教育变量描述性统计分析

测量变量	均值	具体维度	均值	标准差
宣传教育	3.51	对当前碳标签宣传教育的评价	3.26	1.292
		接受碳标签宣传教育活动的意愿	3.79	1.218
		主动进行碳标签宣传教育的意愿	3.47	1.327

由表8-7可知,宣传教育这一变量的平均值为3.51分。大学生对当前碳标签宣传教育的评价仅为3.26分,41.6%的大学生表示不经常听到或看到有关碳标签的宣传,这表明我国当前有关碳标签的宣传较为薄弱。与之相反的是,68.1%的大学生表示自己愿意接受碳标签宣传教育活动,

这表明大学生参与意愿较高，在我国开展碳标签宣传教育活动前景广阔。

(5)支付意愿变量描述性统计分析

由表8-8可知，愿意为碳标签矿泉水、牛奶和葡萄酒支付的大学生消费者分别占总人数的87.1%、85.1%和82.9%，这表明大学生消费者群体对于碳标签食品的支付意愿较为强烈。同时，对碳标签矿泉水、牛奶和葡萄酒三种类别产品愿意支付的人数依次下降，拒绝支付的人数依次上升，可能与三种食品的价格有关。

表8-8 支付意愿变量描述性统计分析

食品类别	愿意支付人数（人）	愿意支付人数所占比例(%)	拒绝支付人数（人）	拒绝支付人数所占比例(%)
矿泉水	1557	87.1	230	12.9
牛奶	1521	85.1	266	14.9
葡萄酒	1481	82.9	306	17.1

为了进一步了解拒绝支付消费者的心理，本书就拒绝支付的原因进行了探究，如图8-7所示。37%的消费者认为价格是其拒绝支付的原因；33%的消费者认为碳标签产品不意味着低碳，因此其拒绝支付；还有14%的消费者因为不明白碳标签所表达的内容而拒绝支付。这提示我们让更多的消费者明晰碳标签所表达的内涵、理解其所传达的信息是提升其支付意愿的关键。另外，还有9%和7%的消费者认为环保应当是政府做的事、低碳消费不是必要的，这是典型环境意识淡漠的表现。不过这类群体所占比例极小，也从侧面表明拒绝支付碳标签产品更多是因为价格以及消费者对碳标签的认知，而非环境保护意愿的不足。

2. 碳标签食品的平均支付意愿计量

本书基于CVM法，选取支付卡式设问方式进行消费者对碳标签食品最大支付意愿的调查。核心问题如下：您希望购买一瓶矿泉水，市场上普通矿泉水的平均价格为2元/550毫升/瓶，您愿意多花多少钱购买加

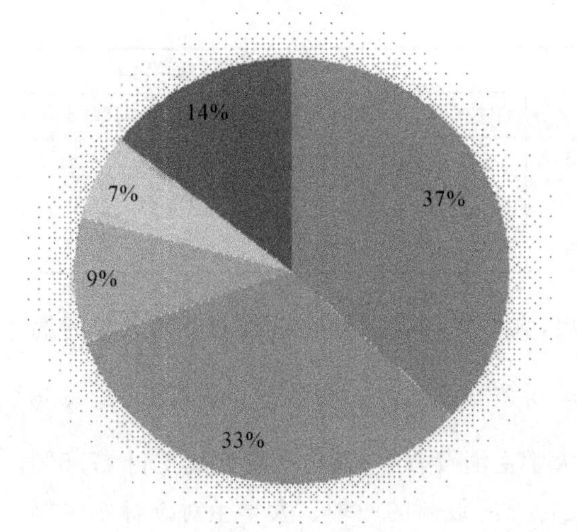

图 8-7　碳标签食品拒绝支付原因分布情况

贴碳标签的矿泉水（牛奶和葡萄酒同理）？接下来给定一系列支付数额，让被调查者选择最大支付意愿。

通过离散变量 WTP 的数学期望公式，计算公式如下：

$$E(WTP) = \sum_{i=1}^{n} A_i \cdot P_i$$

其中，A_i 为消费者支付金额，P_i 消费者为选择该支付金额的频率，n 为可供选择的支付金额数，这里 $n=5$。

在有效收集的 1787 份问卷中，被调查者对不同类别的碳标签食品的最大支付意愿频数统计结果如下表 8-9、表 8-10、表 8-11 所示。

表 8-9　大学生对碳标签食品的支付金额频率

溢价率	矿泉水		牛奶		葡萄酒	
	频数（人）	频率（%）	频数（人）	频率（%）	频数（人）	频率（%）
5%＝1	381	21.3	426	23.8	458	25.6
10%＝2	412	23.1	439	24.6	430	24.1

续表

溢价率	矿泉水		牛奶		葡萄酒	
	频数(人)	频率(%)	频数(人)	频率(%)	频数(人)	频率(%)
20%=3	330	18.5	347	19.4	328	18.4
30%=4	148	8.3	164	9.2	130	7.3
50%=5	285	15.9	134	7.5	120	6.7

从表 8-9 中可以计算得出，大学生对碳标签矿泉水的平均支付意愿为 $E_1(WTP)=\sum_{i=1}^{5}A_i \cdot P_i=0.35$ 元，溢价 17.5%。由此可见，在 1556 名愿意购买碳标签矿泉水的大学生消费者中，人均愿意为其支付 17.5% 的溢价，是三种类别产品中支付意愿最高的一种。大学生对碳标签牛奶的平均支付意愿为 $E_2(WTP)=\sum_{i=1}^{5}A_i \cdot P_i=0.47$ 元，溢价13.5%，低于对于碳标签矿泉水的支付意愿。大学生对碳标签葡萄酒的平均支付意愿为 $E_3(WTP)=\sum_{i=1}^{5}A_i \cdot P_i=3.23\sim 8.39$ 元，溢价 12.9%，是三种类别产品中支付意愿最低的一种。

综上可得，大学生消费者对碳标签矿泉水的溢价支付意愿为17.5%，对碳标签牛奶的溢价支付意愿为 13.5%，对碳标签葡萄酒的溢价支付意愿为 12.9%。

如表 8-10 所示，三种不同类别食品的支付意愿平均值存在差异。为了进一步探究有无显著性差异，运用 SPSS 25.0 软件，通过单因素 ANOVA 检验对上述三者进行了检验。

表 8-10 不同类别碳标签食品支付水平均值

支付水平	N	平均值
矿泉水	1555	2.707
牛奶	1509	2.431
葡萄酒	1465	2.334

由表 8-11 可知，碳标签矿泉水、牛奶和葡萄酒三者的平均支付意愿之间存在显著性差异。究其原因，笔者认为忽略消费者个人习惯的差异，矿泉水、牛奶和葡萄酒三种食品在问卷中直接体现的最大不同在于价格水平。可见，随着食品价格水平的上升，消费者对其溢价支付意愿也随之下降。

表 8-11　不同类别碳标签食品支付水平显著性差异检验

分类	平方和	自由度	均方	F	显著性
组间	116.222	2	58.111	34.588	0.000
组内	7871.287	4685	1.68		
总计	7987.509	4687			

3. 基于方差分析的人口统计特征因素检验

本节基于 SPSS 22.0 软件，通过方差分析来检验人口统计特征变量对于大学生碳标签食品支付意愿的影响。其中人口统计特征包括性别、学历、户籍和收入水平四大方面，具体通过独立样本 T 检验和单因素 ANOVA 检验大学生碳标签食品支付意愿在人口统计特征变量上是否存在差异。

(1)性别的差异性检验

性别分为男、女两组，通过独立样本 T 检验其在三种类别碳标签食品支付意愿上的差异性，结果如表 8-12 所示。

由表 8-12 可知，大学生对碳标签矿泉水、牛奶的支付意愿在性别上未呈现显著性差异；对碳标签葡萄酒的支付意愿，性别差异在 0.05 水平上显著，这表明性别会对碳标签葡萄酒的支付意愿产生影响。由表 8-13 可知，男性对于碳标签葡萄酒的支付意愿高于女性，这可能是因为葡萄酒的酒精特性，致使男性更愿意为其付费。

表 8-12　性别的独立样本 T 检验

分类		莱文方差等同性检验		平均值等同性 t 检验						
		F	显著性	t	自由度	Sig.（双尾）	平均值差值	标准误差差值	95％置信区间	F
矿泉水支付意愿	等方差	0.126	0.722	0.178	1785	0.859	0.003	0.016	−0.028	0.034
	不等方差			0.178	1729.826	0.859	0.003	0.016	−0.028	0.034
牛奶支付意愿	等方差	4.11	0.043	1.01	1785	0.312	0.017	0.017	−0.016	0.05
	不等方差			1.015	1750.587	0.31	0.017	0.017	−0.016	0.05
葡萄酒支付意愿	等方差	18.09	0	2.108	1785	0.035	0.038	0.018	0.003	0.073
	不等方差			2.126	1767.744	0.034	0.038	0.018	0.003	0.073

表 8-13　不同性别的葡萄酒支付意愿均值比较

性别	N	均值	标准差
男	810	0.85	0.358
女	977	0.81	0.391

（2）学历的差异性检验

本书将学历分为专科在读、本科在读、硕士研究生在读和博士研究生在读四组，通过单因素 ANOVA 检验分析其在三种类别碳标签食品支付意愿上的差异性，结果如表 8-14 所示。

表 8-14　学历的单因素 ANOVA 检验

分类		平方和	自由度	均方	F	显著性
矿泉水支付意愿	组间	0.249	3	0.083	0.74	0.528
	组内	200.148	1783	0.112		
	总计	200.397	1786			
牛奶支付意愿	组间	0.515	3	0.172	1.356	0.255
	组内	225.89	1783	0.127		
	总计	226.405	1786			

续表

分类		平方和	自由度	均方	F	显著性
葡萄酒支付意愿	组间	0.971	3	0.324	2.285	0.077
	组内	252.63	1783	0.142		
	总计	253.602	1786			

大学生对碳标签矿泉水、牛奶和葡萄酒的支付意愿在学历层面均未表现出显著性差异，这表明学历对碳标签食品支付意愿没有显著影响。这印证了 Lea and Worsley(2005)的研究，却与以往研究中发现的高学历带来高支付意愿的结论(Bougherara，2009；庞晶，2011；谢守红，2013)相悖。原因可能在于研究样本的构成，整个调研对象的学历水平为大专及以上，且本科及以上学历占据绝大多数，接受基础教育的程度类似，与针对普通大众消费者的研究存在差异，因此学历在本研究中不存在显著性影响。

(3)户籍的差异性检验

户籍分为城市、农村两组，通过单因素 ANOVA 检验分析其在三种类别碳标签食品支付意愿上的差异性，结果如下表 8-15 所示。

表 8-15 户籍的单因素 ANOVA 检验

分类		平方和	自由度	均方	F	显著性
矿泉水支付意愿	组间	1.85	1	1.85	16.631	0.000
	组内	198.547	1785	0.111		
	总计	200.397	1786			
牛奶支付意愿	组间	2.648	1	2.648	21.126	0.000
	组内	223.757	1785	0.125		
	总计	226.405	1786			
葡萄酒支付意愿	组间	1.169	1	1.169	8.267	0.004
	组内	252.432	1785	0.141		
	总计	253.602	1786			

表 8-16 不同户籍的葡萄酒支付意愿均值比较

户籍	N	均值	标准差
城市	1161	0.89	0.307
农村	626	0.83	0.378

大学生对碳标签矿泉水、牛奶和葡萄酒的支付意愿在户籍层面均呈现显著性差异，这表明户籍会对碳标签食品支付意愿产生显著影响。且由表 8-16 可知，城市户籍大学生的支付意愿均值高于农村户籍大学生。由此可以推测，在我国城乡二元户籍制度下，农村的环境基础设施、宣传教育等水平与城市相比仍存在一定的差距，因而不同户籍状态的大学生对碳标签食品的支付意愿不同。

(4)收入的差异性检验

在衡量收入水平这一变量时，本书设置了月生活费和家庭年收入两个题型，首先进行月生活费的检验。将月生活费分为 1000 元以下、1000～2000 元、2000～3000 元和 3000 元以上四组，通过单因素 ANOVA 检验分析其在三种类别碳标签食品支付意愿上的差异性，结果如表 8-17 所示。

表 8-17 月生活费的单因素 ANOVA 检验

分类		平方和	自由度	均方	F	显著性
矿泉水支付意愿	组间	1.85	1	1.85	16.631	0.000
	组内	198.547	1785	0.111		
	总计	200.397	1786			
牛奶支付意愿	组间	2.648	1	2.648	21.126	0.000
	组内	223.757	1785	0.125		
	总计	226.405	1786			
葡萄酒支付意愿	组间	1.169	1	1.169	8.267	0.000
	组内	252.432	1785	0.141		
	总计	253.602	1786			

大学生对碳标签矿泉水、牛奶和葡萄酒的支付意愿在月生活费层面均表现出显著性差异，这说明月生活费会对碳标签食品支付意愿产生显著影响。从图 8-8 可知，月生活费越高，对碳标签食品的支付意愿也越高，这与大多数研究结果一致（Bougherara，2009；Brécard，2009；Achtnicht，2012；庞晶，2011；谢守红，2013）。

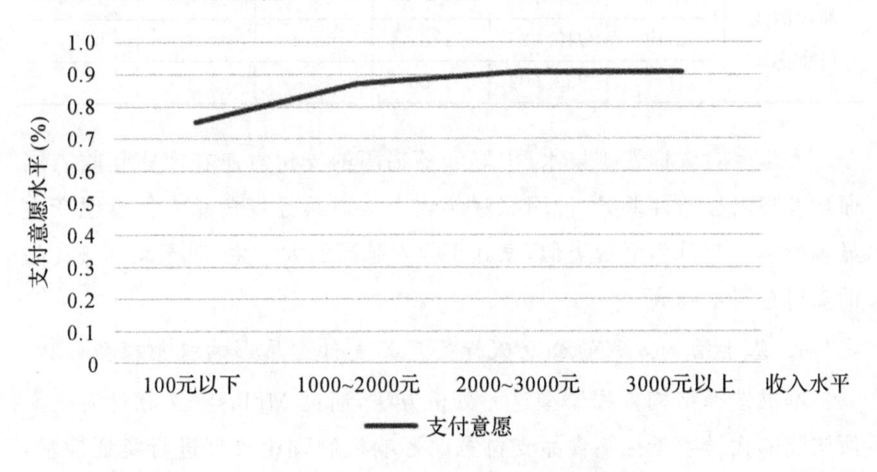

图 8-8　不同月生活费的支付意愿均值

接下来进行家庭年收入的检验。本书将家庭年收入分为 5 万元以下、5～15万元、15～30 万元、30～50 万元、50～100 万元和 100 万元以上六组，通过单因素 ANOVA 检验分析其在三种类别碳标签食品支付意愿上的差异性，结果如表 8-18 所示。

表 8-18　家庭年收入的单因素 ANOVA 检验

分类		平方和	自由度	均方	F	显著性
矿泉水支付意愿	组间	4.361	5	0.872	7.924	0.000
	组内	196.036	1781	0.11		
	总计	200.397	1786			

续表

分类		平方和	自由度	均方	F	显著性
牛奶支付意愿	组间	5.453	5	1.091	8.792	0.000
	组内	220.952	1781	0.124		
	总计	226.405	1786			
葡萄酒支付意愿	组间	4.078	5	0.816	5.821	0.000
	组内	249.524	1781	0.14		
	总计	253.602	1786			

大学生对碳标签矿泉水、牛奶和葡萄酒的支付意愿在家庭年收入层面均表现出显著性差异，说明家庭年收入会对碳标签食品支付意愿产生显著影响。与月生活费类似，家庭年收入越高的大学生，对于碳标签食品的支付意愿也越高。

4. 基于结构方程的公众碳标签产品支付意愿影响机制模型分析

本书选择结构方程模型这一分析方法，通过 Mplus 8.7 软件对上文所构建的大学生碳标签食品支付意愿影响机制理论模型进行实证检验，探究碳标签食品支付意愿的影响因素。

(1)因果关系检验

为了检验前文提出的各项研究假设，通过最大似然估计法(Maximum Likelihood Estimation)，对结构模型间的各项因果关系展开检验，结果如表 8-19 所示。

表 8-19 总体模型假设检验结果

路径	Estimate	S. E.	Est. /S. E.	P-Value	95%置信区间		是否接受
					上限	下限	
环境意识→支付意愿	0.366	0.031	11.766	***	0.305	0.429	接受
对碳标签的认知→支付意愿	0.073	0.03	2.4	*	0.015	0.133	接受

续表

路径	Estimate	S. E.	Est. /S. E.	P-Value	95%置信区间		是否接受
					上限	下限	
对碳标签的态度→支付意愿	0.204	0.028	7.194	***	0.15	0.262	接受
宣传教育→支付意愿	0.085	0.033	2.573	**	0.019	0.148	接受

注：*** 表示 $P<0.001$，** 表示 $P<0.01$，* 表示 $P<0.05$，ns 表示不显著。

由上表可得，环境意识、对碳标签的认知、对碳标签的态度和宣传教育均会对支付意愿产生显著影响，具体分析如下。

H_E：环境意识对消费者碳标签支付意愿产生显著影响，具体表现为消费者环境意识越强，对碳标签食品的支付意愿也越强。在结构方程模型中，环境意识→支付意愿的标准化路径系数为 0.366，且在0.01水平上显著，因此假设 H_E 成立。

H_C：消费者对碳标签的认知对其碳标签支付意愿产生显著影响，具体表现为消费者对碳标签的认知越多，其对碳标签食品的支付意愿也越强。在结构方程模型中，对碳标签的认知→支付意愿的标准化路径系数为0.073，且在 0.05 水平上显著，因此假设 H_C 成立。

H_A：消费者对碳标签的态度对其碳标签支付意愿产生显著影响，具体表现为消费者对碳标签的态度越积极，其对碳标签食品的支付意愿也越强。在结构方程模型中，对碳标签的态度→支付意愿的标准化路径系数为 0.204，且在 0.01 水平上显著，因此假设 H_A 成立。

H_P：宣传教育对消费者碳标签支付意愿产生显著影响，具体表现对碳标签的宣传教育力度越大，消费者对碳标签食品的支付意愿也越强。在结构方程模型中，宣传教育→支付意愿的标准化路径系数为 0.085，且在0.01水平上显著，因此假设 H_P 成立。

综上，环境意识、对碳标签的认知、对碳标签的态度及宣传教育均会对碳标签食品支付意愿产生显著正向影响，且显著性依次排序为：环境意识＞对碳标签的态度＞宣传教育＞对碳标签的认知。

(2)中介效应检验

为了进一步验证消费者对碳标签的认知、对碳标签的态度这两大变量在环境意识→支付意愿、宣传教育→支付意愿路径中发挥的中介作用，使用 Bootstrap 方法重复抽样 5000 次并构建 95%的无偏差校正置信区间，结果如表 8-20、表 8-21、表 8-22 所示。

表 8-20　对碳标签的认知的中介效应检验

路径	Estimate	S. E.	Est. /S. E.	P-Value	95%置信区间	
					上限	下限
中介效应						
环境意识→对碳标签的认知→支付意愿	0.006	0.004	1.556	ns	0.001	0.015
宣传教育→对碳标签的认知→支付意愿	0.025	0.011	2.283	*	0.006	0.048
直接效应						
环境意识→支付意愿	0.399	0.038	10.592	***	0.328	0.474
宣传教育→支付意愿	0.090	0.035	2.558	**	0.021	0.159
总效应						
环境意识→支付意愿	0.454	0.038	11.658	***	0.374	0.525
宣传教育→支付意愿	0.148	0.034	4.278	***	0.081	0.217

注：*** 表示 $P<0.001$，** 表示 $P<0.01$，* 表示 $P<0.05$，ns 表示不显著。

表 8-20 显示了当对碳标签的认知作为中介变量时所产生的中介效应，结果表明：①对碳标签的认知在环境意识→支付意愿这一路径中的中介效应为 0.006，在 0.05 水平时不显著，因此对碳标签的认知在环境意识→支付意愿这一路径中不起到中介作用，从而拒绝假设 H_{CE}。②对碳标签的认知在宣传教育→支付意愿这一路径中的中介效应为 0.025，在 0.05 水平时显著，且 95%的置信区间为(0.006，0.048)，这表明对碳标签的认知在宣传教育→支付意愿这一路径中起到中介作用，且中介效应占总效应的 16.9%，从而验证假设 H_{CP}。

表 8-21 对碳标签的态度的中介效应检验

路径	Estimate	S. E.	Est. /S. E.	P-Value	95%置信区间	
					上限	下限
中介效应						
环境意识→对碳标签的态度→支付意愿	0.048	0.01	4.815	***	0.031	0.071
宣传教育→对碳标签的态度→支付意愿	0.024	0.008	3.079	**	0.011	0.042
直接效应						
环境意识→支付意愿	0.399	0.038	10.592	***	0.328	0.474
宣传教育→支付意愿	0.090	0.035	2.558	**	0.021	0.159
总效应						
环境意识→支付意愿	0.454	0.038	11.658	***	0.374	0.525
宣传教育→支付意愿	0.148	0.034	4.278	***	0.081	0.217

注：*** 表示 P<0.001，** 表示 P<0.01，* 表示 P<0.05，ns 表示不显著。

表 8-21 显示了当对碳标签的态度作为中介变量时所产生的中介效应，结果表明：①对碳标签的态度在环境意识→支付意愿这一路径中的中介效应为 0.048，在 0.05 水平时显著，且 95%的置信区间为(0.031，0.071)，这表明对碳标签的态度在环境意识→支付意愿这一路径中起到中介作用，且中介效应占总效应的 10.6%，从而验证假设 H_{AE}。②对碳标签的态度在宣传教育→支付意愿这一路径中的中介效应为0.024，在 0.05 水平时显著，且 95%的置信区间为(0.011，0.042)，这表明对碳标签的态度在宣传教育→支付意愿这一路径中起到中介作用，且中介效应占总效应的 16.2%，从而验证假设 H_{AP}。

表 8-22 显示了当对碳标签的认知、对碳标签的态度作为中介变量时所产生的链式中介效应，结果表明：①对碳标签的认知、态度在环境意识→支付意愿这一路径中的链式中介效应为 0.002，在 0.05 水平时不显著，且 95%的置信区间为(0，0.005)，包括 0，这表明对碳标签的认知、态度在环境意识→支付意愿这一路径中不起到链式中介作用，从而拒绝假

设 H_{CAE}。②对碳标签的认知、态度在宣传教育→支付意愿这一路径中的中介效应为 0.008，在 0.05 水平时显著，且 95%的置信区间为(0.004, 0.015)，这表明对碳标签的认知、态度在宣传教育→支付意愿这一路径中起到链式中介作用，且链式中介效应占总效应的 5.4%，从而验证假设 H_{CAP}。

表 8-22 对碳标签的认识和态度的链式中介效应检验

路径	Estimate	S. E.	Est. /S. E.	P-Value	95%置信区间	
					上限	下限
中介效应						
环境意识→对碳标签的认知→对碳标签的态度→支付意愿	0.002	0.001	1.753	ns	0	0.005
宣传教育→对碳标签的认知→对碳标签的态度→支付意愿	0.008	0.003	3.279	**	0.004	0.015
直接效应						
环境意识→支付意愿	0.399	0.038	10.592	***	0.328	0.474
宣传教育→支付意愿	0.090	0.035	2.558	**	0.021	0.159
总效应						
环境意识→支付意愿	0.454	0.038	11.658	***	0.374	0.525
宣传教育→支付意愿	0.148	0.034	4.278	***	0.081	0.217

注：*** 表示 $P<0.001$，** 表示 $P<0.01$，* 表示 $P<0.05$，ns 表示不显著。

综上，在环境意识提升支付意愿的过程中，对碳标签的态度起到部分中介作用，对碳标签的认知则不起到中介作用；在宣传教育提升支付意愿的过程中，对碳标签的认知、态度均起到中介作用，且存在链式中介作用。结果如图 8-9、图 8-10 所示。

(3)假设检验结果讨论

基于上述实证检验结果，本书可得出以下结论：①环境意识、对碳标签的认知、对碳标签的态度和宣传教育均会对消费者支付意愿产生显著影响，且显著性依次排序为：环境意识＞对碳标签的态度＞宣传教育＞对

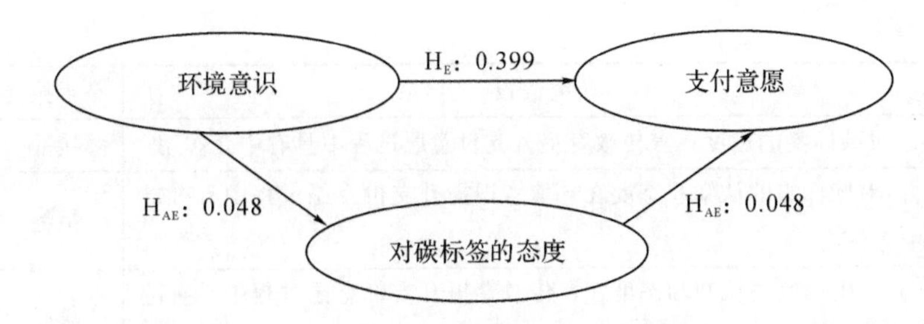

图 8-9　环境意识→支付意愿路径中介作用

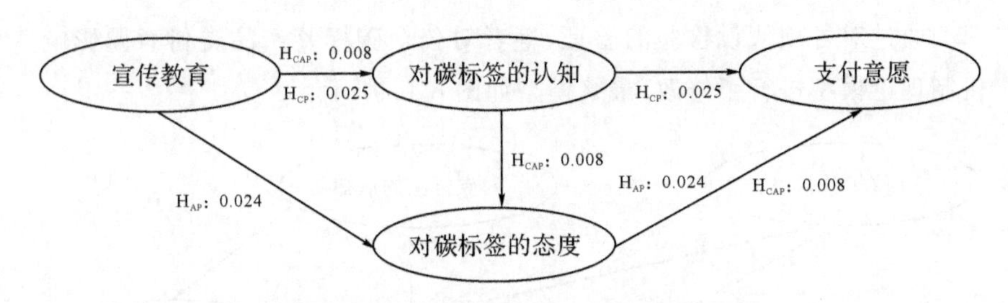

图 8-10　宣传教育→支付意愿路径中介作用

碳标签的认知;②对碳标签的态度在环境意识提升支付意愿过程中具有中介作用,对碳标签的认知、态度在宣传教育提升支付意愿过程中具有中介作用,且存在链式中介作用。研究假设检验结果如表 8-23 所示。

表 8-23　研究假设检验结果

研究假设	是否接受
H_E:环境意识会对消费者支付意愿产生显著正向影响	接受
H_C:对碳标签的认知会对消费者支付意愿产生显著正向影响	接受
H_A:对碳标签的态度会对消费者支付意愿产生显著正向影响	接受
H_P:宣传教育会对消费者支付意愿产生显著正向影响	接受
H_{CE}:对碳标签的认知在环境意识提升支付意愿过程中具有中介作用	拒绝
H_{CP}:对碳标签的认知在宣传教育提升支付意愿过程中具有中介作用	接受
H_{AE}:对碳标签的态度在环境意识提升支付意愿过程中具有中介作用	接受

续表

研究假设	是否接受
H_{AP}：对碳标签的态度在宣传教育提升支付意愿过程中具有中介作用	接受
H_{CAE}：对碳标签的认知和态度在环境意识提升支付意愿过程中具有链式中介作用	拒绝
H_{CAP}：对碳标签的认知和态度在宣传教育提升支付意愿过程中具有链式中介作用	接受

通过对各项假设检验的验证，笔者对公众碳标签产品支付意愿影响机制理论模型进行了修改，最终模型如图 8-11 所示。

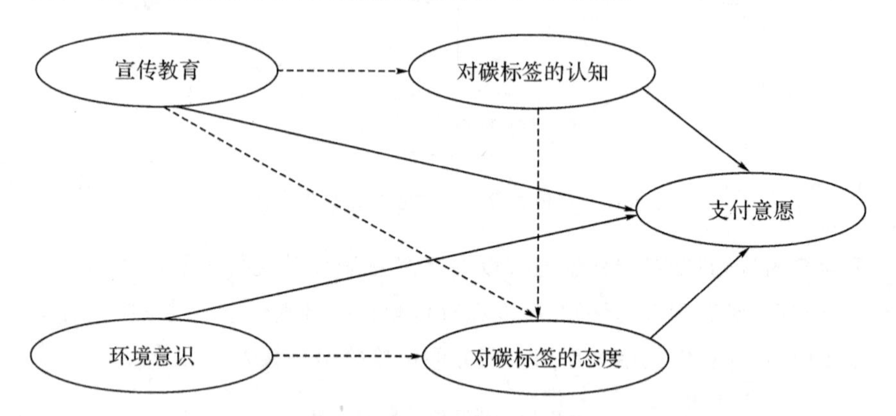

图 8-11　大学生碳标签食品支付意愿影响机制实证模型

从上述模型中可以发现，在大学生对碳标签食品支付意愿影响因素形成机理中存在 8 条显著路径，其中直接路径为：①环境意识→支付意愿；②对碳标签的认知→支付意愿；③对碳标签的态度→支付意愿；④宣传教育→支付意愿。间接路径为：①环境意识→对碳标签的态度→支付意愿；②宣传教育→对碳标签的态度→支付意愿；③宣传教育→对碳标签的认知→支付意愿；④宣传教育→对碳标签的认知→对碳标签的态度→支付意愿。

从直接路径来看，实证检验结果基本与已有学者的研究一致。但本书的研究数据进一步表明了环境意识在整个机制过程中的基础性作用，这启示政府有关部门加强环境教育、营造良好氛围的重要性。

从间接路径来看，本书发现对碳标签的认知这一变量在宣传教育→对碳标签的认知→对碳标签的态度→支付意愿这一路径中起到传导作用，这验证了 Trivedi(2018)的研究。但同时拒绝了环境意识→对碳标签的认知→支付意愿和环境意识→对碳标签的认知→对碳标签的态度→支付意愿这两条间接路径，这表明环境意识的提高并不会直接提升消费者对碳标签的认知，环境意识的提高仅能积极影响消费者对碳标签的态度。可能的原因在于碳标签作为一个新兴事物，除非有专门针对碳标签产品的宣传教育，消费者很难有渠道了解到具体内涵，这也从侧面反映出加强碳标签宣传教育在整个影响机制中的重要性。

8.3.3　研究主要发现

本节在回顾消费者对碳标签食品的支付意愿及其影响因素的文献基础上，基于说服效应理论、合理行为理论和价值—信念—规范理论等消费者行为改变理论，构建公众碳标签产品支付意愿影响机制的理论模型，运用 CVM 法设计调查问卷，通过因子分析、方差分析、结构方程模型、中介效应检验等计量方法对 1787 份有效问卷数据进行实证检验，逐一验证了构建的理论模型和研究假设，得出以下研究结论。

1. 大学生对碳标签食品的平均支付意愿较高，溢价均为 10％以上，但随着食品价格水平的上升，消费者的溢价支付意愿也随之下降。

研究结果表明，大学生对碳标签矿泉水、牛奶和葡萄酒的溢价支付意愿分别为：17.5％、13.5％和 12.9％。可见大学生群体对于碳标签食品这一新兴事物接受度较高，相应支付意愿也较高。同时，三种碳标签食品的支付意愿呈现出显著性差异，这表明随着食品价格水平的上升，同一消费者对不同食品的支付意愿会下降。

2. 性别、户籍和收入会对大学生碳标签食品支付意愿产生显著影响。

研究结果表明，在性别维度上，男性消费者对碳标签葡萄酒的支付意愿与女性存在显著差异，男性高于女性。在户籍维度上，城市消费者对不同类别碳标签食品的支付意愿与农村消费者均存在显著差异，城市消费者高于农村消费者。在收入维度上，不同月生活费和家庭年收入的消费者对不同类别碳标签食品的支付意愿均存在显著差异，支付意愿随着收入水平的提高而提高。

3. 环境意识、对碳标签的认知、对碳标签的态度和宣传教育均会对消费者支付意愿产生显著正向影响。

研究结果表明，在总体模型的因果关系检验中，环境意识、对碳标签的认知、对碳标签的态度和宣传教育均会对消费者支付意愿产生显著影响，标准化路径系数依次为 0.366、0.073、0.204 和 0.085。环境意识→支付意愿、对碳标签的态度→支付意愿是较为显著的两条路径。

4. 对碳标签的态度在环境意识提升支付意愿过程中具有中介作用；对碳标签的认知、态度在宣传教育提升支付意愿过程中具有中介作用，且存在链式中介作用。

研究结果表明，对碳标签的态度在环境意识→支付意愿和宣传教育→支付意愿路径中均起到部分中介作用。对碳标签的认知在宣传教育→支付意愿路径中起到部分中介作用，在环境意识→支付意愿路径中不起到中介作用。对碳标签的认知、态度在宣传教育→支付意愿路径中起到链式中介作用。宣传教育→对碳标签的认知→支付意愿和宣传教育→对碳标签的态度→支付意愿是较为显著的两条路径，中介效应分别占总效应的 16.2%和 16.9%。

8.4　消费者对碳标签电器电子产品的平均支付意愿及其影响因素调查

本节将基于调查问卷所获数据，围绕消费者对碳标签电器电子产品的支付意愿及其影响因素展开实证检验，探究碳标签电器电子产品的平均支付意愿及其影响因素。

8.4.1　方法与数据

本节所采用的方法与 8.3.1 节一致，在此不做赘述。从数据来源上来看，在问卷设计阶段，对碳标签电器电子生产企业进行实地调研，探究企业开展碳标签实践所需的市场信息，为问卷调研提供参考。其次采用 CVM 设计了包含情境描述、因素调查和支付意愿调查三部分内容的问卷，并进行发放。为了保证问卷结果的准确性，剔除完成时间在 100 秒以下以及 600 秒以上的问卷结果。最终，本次调查共发放问卷 1045 份，经条件筛选后收回有效问卷 976 份，有效回收率 93.4%。

8.4.2　实证检验

本节具体就消费者对电器电子产品的支付意愿进行计量，并对影响因素展开剖析。因人口统计特征检验和描述性统计同消费者对碳标签食品的结果类似，在此不再赘述。

1. 电器电子产品的支付意愿计量

支付意愿的调查分为两个部分，第一部分为是否愿意支付的调查，第二部分为支付水平的调查。结果显示，976 名调研对象中有 65.1%的人愿意为碳标签产品的溢价进行额外支付。表 8-24 为支付意愿描述性统计分析结果，以 1 对愿意支付进行赋值、0 对不愿意支付进行赋值，其支付意愿平均值为 0.651。

635 名愿意支付的消费者的支付水平由低到高按 1-6 分别赋值，1-6 分别表示额外支付水平不超过 10%、不超过 20%、不超过 30%、不超过 40%、不超过 50%和 50%以上。三种产品的支付水平有所差异，笔记本电脑、吹风机、灯泡的额外支付水平分别为 1.672、1.765、2.392。各题项中产品原始价格分别为 3000 元、300 元、3 元。愿意支付额外溢价的消费者的平均支付水平与产品价格有关，高的价格会抑制消费者支付意愿。

表 8-24　支付意愿描述性统计分析

变量	均值	题项	平均值	标准差
是否支付	0.651	WTP	0.651	0.477
愿意支付的支付水平	2.313	笔记本电脑	1.672	1.096
		吹风机	1.765	1.045
		灯泡	2.392	1.701

为了更直观呈现消费者对不同价格碳标签产品的额外支付水平，我们计算了消费者可接受溢价的数学期望值，其中溢价率>50%的以 60%计，计算公式如下：

$$E_{PL} = \sum_{i=1}^{n} R_i P_i$$

其中，E_{PL} 为消费者对某产品的额外支付水平；R_i 为第 i 个溢价率的数值；P_i 为消费者选择第 i 个溢价率的频率；n 为可供选择的溢价率水平，n 等于 6。

最终调查对象整体支付水平如表 8-25 所示，对于单价 3000 元的笔记本电脑，消费者整体溢价率为 16.7%，对于 300 元的电吹风，整体溢价率为 17.7%，而对于单价为 3 元的灯泡，整体溢价率为 23.9%。

表 8-25　不同价格碳标签产品的支付水平

溢价率	笔记本(3000 元)		电吹风(300 元)		灯泡(3 元)	
	频率	支付水平	频率	支付水平	频率	支付水平
10%	58.3%	5.8%	53.7%	5.4%	29.0%	2.9%
20%	26.5%	5.3%	28.4%	3.7%	13.5%	2.7%
30%	10.7%	3.2%	12.0%	2.3%	8.8%	2.6%
40%	0.9%	0.4%	1.9%	0.5%	2.5%	1.0%
50%	1.6%	0.8%	1.9%	0.6%	4.3%	2.2%
>50%(以 60%计)	2.1%	1.2%	2.2%	0.9%	7.0%	4.2%
合计		16.7%		17.7%		23.9%

2. 影响因素分析

表 8-26　变量间路径显著性及路径系数

路径	Estimate	S. E.	P-Value
环境意识→支付意愿	0.155	0.021	***
对碳标签的认知→支付意愿	0.059	0.024	*
对碳标签的态度→支付意愿	0.238	0.019	***
宣传教育→支付意愿	0.093	0.025	*

注：*** 表示 P<0.001，** 表示 P<0.01，* 表示 P<0.05，ns 表示不显著。

由表 8-26 可以看出，环境意识、对碳标签的认知、对碳标签的态度和宣传教育均会对碳标签食品支付意愿产生显著正向影响，且显著性依次排序为：对碳标签的态度>环境意识>宣传教育>对碳标签的认知。

8.4.3　研究主要发现

本节运用 CVM 设计调查问卷，通过因子分析、方差分析、结构方程模型等计量方法对 976 份有效问卷数据进行实证检验，逐一验证了构建的理论模型和研究假设，并得出以下研究结论。

1. 消费者低碳态度积极，但对碳标签的认知水平仍然有待提升。宣传教育的影响会较大，同时认为情境因素中的宣传推广、经济补贴能够促使其选择碳标签产品的消费者占大多数。高的产品价格会抑制消费者的支付意愿，其对 3～3000 元单价产品的碳标签平均溢价率为 23.9%～16.7%。75%的受访者认为囊括认证图标、碳排放量和低碳等级的碳标签更易被接受。

2. 人口统计特征及产品价格对消费者支付意愿影响的显著性分析表明，性别对支付意愿影响不显著，而年龄、受教育程度、职业、居住地、收入、是否有未成年子女、产品价格均会导致支付意愿的显著差异。收入年龄越大，环境保护意识越高；受教育程度越高，其碳标签认可度和信任度反而越低；有未成年子女，相对年长、以身作则环境意识提升。以上原因导致不同变量对支付意愿影响的正负方向差异。产品价格是决定消费者支付水平的重要参数，甚至可以抵消其他因素对支付水平的影响，导致其他变量作用下支付水平差异不显著。

3. 环境意识、对碳标签的认知、对碳标签的态度、宣传教育均与碳标签电器电子产品支付意愿存在显著的正相关关系，显著性依次排序为：对碳标签的态度>环境意识>宣传教育>对碳标签的认知。

8.5 小　结

世界范围内产品碳标签认证已是大势所趋，仍处于碳标签制度试点阶段的我国必须加快建立符合国情的碳标签制度。消费者作为碳标签产品的最终购买者，其对碳标签产品的支付意愿不仅会影响企业在产品上加贴碳标签的意愿，也是碳标签制度起效的“最后一公里”。基于本章的研究结论，为了进一步推广碳标签产品和落实碳标签制度，本章进一步提出以下政策建议。

1. 分群体、分类别加大碳标签宣传力度，挖掘关键消费群体，提升碳标签认知度。

本研究表明，33.5%的消费者表示自己从未听说过碳标签这个词，41.6%的消费者表示不经常听到或看到有关碳标签的宣传。宣传教育会对碳标签食品支付意愿产生显著影响，且宣传教育可以通过对碳标签的认知、对碳标签的态度等中介变量的传导影响支付意愿。环境意识不能通过对碳标签的认知传导影响支付意愿，可见环境意识高并不意味着对碳标签的认知度也高，这从侧面显示了加强碳标签宣传教育的重要性。

在具体宣传中，政府应当分群体、分类别制定差别化的推广策略：(1)首先应当以大学生群体为突破口，充分利用其愿意参与碳标签产品宣传教育活动且支付意愿较高的特点，率先对其进行宣传推广，发挥示范引领作用；(2)同时还应注重发掘男性消费者对于特定产品的消费偏好，利用其在低碳消费意识上较强的特点，通过针对性的宣传教育将其低碳消费意识转为低碳消费行为，形成碳标签产品新的消费增长点。

2. 加大对农村地区消费者的宣传教育与环境意识培养，逐步提高消费者收入水平。

本研究表明，农村消费者与城市消费者对碳标签食品支付意愿存在显著差异，农村消费者低于城市消费者。因此，政府应当着重关注农村地区的环境宣传，提升农村消费者的环境意识与碳标签认知度，进而挖掘农村消费者的消费潜力。

此外，从方差分析中发现，月生活费和家庭年收入水平均是影响消费者对碳标签食品支付意愿的显著因素。从描述性统计分析中可知，拒绝对碳标签进行支付的最大原因在于价格水平。可见即使消费者有足够的环境意识和碳标签认知水平，若囿于自身经济条件，仍然较难发生碳标签产品支付行为。因此，逐步提高消费者收入水平也是推广碳标签产品的关键路径之一。

3. 加快推动建立政府、企业和消费者三者联动的定价机制。

研究表明，75.6%的消费者认为碳标签应该被推广，且近九成消费者愿意为碳标签食品支付,溢价意愿均高于10%,可见我国碳标签产品消费市场前景良好,应当对碳标签制度的推广报有信心。但是,由于消费者支付意愿与产品价格呈反方关系,应推动建立政府、企业和消费者三者联动的定价机制,在高价格产品中考虑由企业更多比例地承担溢价,政府给予企业一定扶持,消费者承担较少溢价。政府、企业、消费者三者形成良性互动,从而进一步扩大碳标签产品消费市场。

参考文献

[1] 陈利顺. 城市居民能源消费行为研究[D]. 大连:大连理工大学,2009.

[2] 常楠楠. 考虑碳标签的消费者低碳产品购买意愿的影响因素及形成机理研究[D]. 徐州:中国矿业大学,2014.

[3] 刘鹤,范莉莉. 碳标签产品"溢价"支付意愿及其影响因素研究[J]. 价格理论与实践,2018(5):123-126.

[4] 凤振华,邹乐乐,魏一鸣. 中国居民生活与二氧化碳排放关系研究[J]. 中国能源,2010,32(3):37-40.

[5] 李向前,王正早,毛显强. 城镇居民低碳消费行为影响因素量化分析——以北京市为例[J]. 生态经济, 2019,35(12):139-146.

[6] 刘文龙,吉蓉蓉. 低碳意识和低碳生活方式对低碳消费意愿的影响[J]. 生态经济,2019,35(8):40-45,103.

[7] 马向阳,徐富明,吴修良,等. 说服效应的理论模型、影响因素与应对策略[J]. 心理科学进展,2012,20(5):735-744.

[8] 庞晶,李文东. 低碳消费偏好与低碳产品需求分析[J]. 中国人口·资源与环境,2011,21(9):76-80.

[9] 帅传敏,张钰坤. 中国消费者低碳产品支付意愿的差异分析——基于碳标签的情景实验数据[J]. 中国软科学,2013(7):61-70.

[10] 邵慧婷,罗佳凤,费喜敏. 公众气候变化认知对环保支付意愿及

减排行为的影响[J]. 浙江农林大学学报，2019，36(5)：1012-1018.

[11] 王民. 环境意识概念的产生与定义[J]. 自然辩证法通讯，2000(4)：86-90.

[12] 王建明. 公共低碳消费行为影响机制和干预路径整合模型[M]. 北京：中国社会科出版社，2012.

[13] 吴燕，王效科，逯非. 北京市居民食物消费碳足迹[J]. 生态学报，2012(5)：1570-1577.

[14] 王晓，齐晔. 我国饮食结构变化对农业温室气体排放的影响[J]. 中国环境科学，2013，33(10)：1876-1883.

[15] 谢守红，陈慧敏，王利霞. 城市居民低碳消费行为影响因素分析[J]. 城市问题，2013(2)：53-58.

[16] 余谋昌. 环境意识与可持续发展[J]. 世界环境，1995(4)：13-16，12.

[17] 周应恒，霍丽玥，彭晓佳. 食品安全：消费者态度，购买意愿及信息的影响[J]. 中国农村经济，2004(11)：53-59，80.

[18] 张振英. 大学生群体消费行为特征与市场营销对策[J]. 北京市经济管理干部学院学报，2007(2)：57-63.

[19] 周志家. 环境意识研究：现状、困境与出路[J]. 厦门大学学报(哲学社会科学版)，2008(4)：19-26.

[20] 朱臻，沈月琴，黄敏. 居民低碳消费行为及碳排放驱动因素的实证分析——基于杭州地区的调查[J]. 资源开发与市场，2011，27(9)：831-834.

[21] 张露. 碳标签对低碳产品消费行为的影响机制研究[D]. 北京：中国地质大学，2014.

[22] Achtnicht M. German car buyers' willingness to pay to reduce CO_2 emissions. Climatic Change [J], 2012, 107 (11):

855-869.

[23] Anderson T, Cunningham W. The socially conscious consumer[J]. Journal of Marketing, 1972, 36(7): 23-31.

[24] Ajzen I, Fishbein M. Understanding attitudes and predicting social behavior [M]. Englewood Cliffs, NJ: Prentice-Hall, 1980.

[25] Brécard D, Hlaimi B, Lucas S, et al. Determinants of demand for green products: An application to eco-label demand for fish in Europe[J]. Ecological Economics, 2009, 69(1): 115-125.

[26] Bougherara D, Combris P. Eco-labelled food products: What are consumers paying for? [J]. European Review of Agricultural Economics, 2009, 36(3): 321-341.

[27] Cason T, Gangadharan L. Environmental labeling and incomplete consumer information in laboratory markets[J]. Journal of Environmental Economics and Management, 2002(43): 113-134.

[28] Chan F, Petrovici D, Lowe B. Antecedents of product placement effectiveness across cultures[J]. International Market. Review, 2016, 33(1): 5-24.

[29] Diekmann A, Preisendörfer P. Umweltbewusstsein, ökonomische Anreize und Umweltverhalten [J]. Schweizerischer Zeitschrift Soziologie, 1991(17).

[30] Eugene Y, Fanny F. Consumer perceptions on product carbon footprints and carbon labels of beverage merchandise in Hong Kong[J]. Journal of Cleaner Production, 2019, 242(1): 1-13.

[31] Feucht Y, Zander K. Consumers' preferences for carbon labels and the underlying reasoning. A mixed methods approach in 6 European countries[J]. Journal of Cleaner Production, 2018(178): 740-748.

[32] Foxall G, Gold R, Brown S. Consumer psychology for marketing[M]. Hampshire: Cengage Learning EMEA, 1998.

[33] Frash R, Dipietro R, Smith W. Pay more for McLocal? examining motivators for willingness to pay for local food in a chain restaurant [J]. Journal of Hospitality Marketing & Management, 2015, 24(4): 411-434.

[34] Gibbon P. European organic standard setting organisations and climate-change standards[C]. Paris: OECD Global Forum on Trade and Climate Change, 2009.

[35] Gadema Z, Oglethorpe D. The use and usefulness of carbon labelling food: A policy perspective from a survey of UK supermarket shoppers[J]. Food Policy, 2011, 36(6): 815-822.

[36] Hartikainen H, Roininen T, Katajajuuri J, et al. Finnish consumer perceptions of carbon footprints and carbon labelling of food products[J]. Journal of Cleaner Production, 2014 (73): 285-293.

[37] Intergovernmental Panel on Climate Change (IPCC). "Special report on global warming of 1.5℃, intergovernmental panel on climate change"[R]. WMO, Geneva, Switzerland, 2018.

[38] Kollmuss A, Agyeman J. Mind the Gap: Why do people act environmentally and what are the barriers to pro-environmental behavior? [J]. Environmental Education Research, 2002, 8(3): 239-260.

[39] Kasterine A, Vanzetti D. The effectiveness, efficiency and equity of market based and voluntary measures to mitigate greenhouse gas emissions from the agriculture food sector [C]. Geneva: United Nations Conference on Trade and Development, 2010.

[40] Kumar D, Raju K. The role of advertising in consumer decision making[J]. Journal of Business and Management, 2013, 14(4): 35-37.

[41] Lea E, Worsley T. Australians' organic food beliefs, demographics and values[J]. British Food Journal, 2005, 107 (11): 855-869.

[42] Lee E. The influences of advertisement attitude and brand attitude on purchase intention of smartphone advertising[J]. Industrial Management & Data Systems, 2016, 117 (6): 1011-1036.

[43] Miller K. Communications theories: Perspectives, processes, and contexts [M]. New York: McGraw-Hill, 2002.

[44] Matthews H, Hendrickson C, Weber C. The importance of carbon footprint estimation boundaries [J]. Environmental Science & Technology, 2008, 42(16): 5839-5842.

[45] Marcos A. On dichotomous choice contingent valuation data analysis semiparametric methods and genetic programming [J]. Journal of Forest Economics, 2010(16): 145-156.

[46] Miller K. Communications theories: Perspectives, processes, and contexts[M]. New York: McGraw-Hill, 2005.

[47] Natalia L, Mercedes S. Theory of planned behavior and the value-belief-norm theory explaining willingness to pay for a

Suburban Park[J]. Journal of Environmental Management, 2012(113): 251-262.

[48] Naderi, E. Steenburg V. Me first, then the environment: Young Millennials as green consumers[J]. Young Consumers Insight and Ideas for Responsible Marketers, 2018, 19(3): 280-295.

[49] Perino G, Panzone L A, Swanson T. Motivation crowding in real consumption decisions: Who is messing with my groceries? [J]. Economic Inquiry, 2014, 52 (2): 592-607.

[50] Roth C E. Environmental literacy: It's roots, evolution and directions in the 1990s eric clearinghouse for science [J]. Mathematics, and Environmental Education, 1992, ED348235.

[51] Sammer K, Wüstenhagen R. The Influence of Eco-Labelling on consumer behavior - results of a discrete choice analysis for washing machines [J]. Business Strategy and the Environment, 2006(15): 185-199.

[52] Saunders C, Guenther M, Tait P, et al. Consumer attitudes towards sustainability attributeson food labels in the UK and Japan[C]. Coventry: 85th Annual Conference of the Agricultural Economics Society, 2011.

[53] Stern P C. Toward a coherent theory on environmentally significant behavior, 2000.

[54] Till B., Michael B. The Match-up hypothesis: Physical attractiveness, expertise, and the role of fit on brand attitude, purchase intent and brand beliefs[J]. Journal of Advertising, 2000, 29(3): 1-20.

[55] Tanner C, Kast S. Promoting sustainable consumption: De-

terminants of green purchases by Swiss consumers[J]. Psychology & Marketing, 2003, 20(10): 883-902.

[56] Trivedi R, Patel J, Acharya N. Causality analysis of media influence on environmental attitude, intention and behaviors leading to green purchasing[J]. Journal of Cleaner Production, 2018(196): 11-22.

[57] Upham P, Dendler L, Bleda M. Carbon labelling of grocery products: Public perceptions and potential emissions reductions[J]. Journal of Cleaner Production, 2011(4): 348-355.

[58] Vanclay J, Shortiss J, Aulsebrook S, et al. Customer response to carbon labelling of groceries[J]. Journal of Consumer Policy, 2011, 34(1): 153-160.

[59] Yvonne F, Katrin Z. Consumers' preferences for carbon labels and the underlying reasoning. A mixed methods approach in 6 European countries[J]. Journal of Cleaner Production, 2018, 178(3): 740-748.

第9章　碳标签制度的保障机制

基于当前我国推行碳标签制度的机遇与挑战，本章提出以下八个层面的保障机制（如图9-1）：一是要建立健全法律法规机制，为碳标签制度的推行提供法律法规基础与政策扶持。当前全国层面碳标签制度立法尚未完善，政府应当积极开展立法工作，使碳标签制度的推行有据可依。二

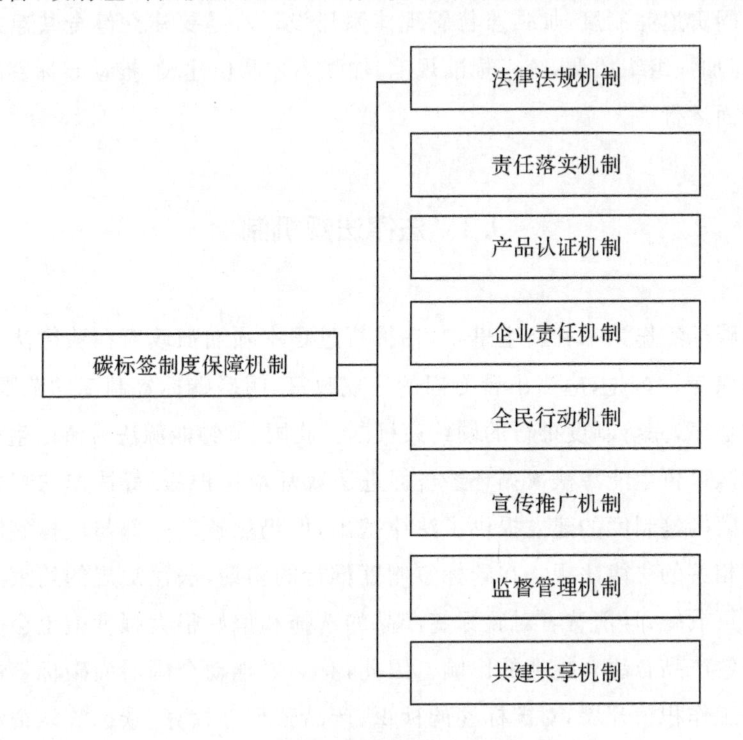

图9-1　碳标签制度保障机制框架

是要建立健全责任落实机制，优化属地责任管理制度，尽快出台和落实配套方案，要建立责任清单制度，将工作任务逐级分解。三是要建立健全产品认证机制，分步有序推进碳标签制度试点。碳标签制度的推行并非一蹴而就，需要首先甄选出有条件的城市与地区进行试点并总结经验，为碳标签制度全覆盖奠定基础。四是要建立健全企业责任机制，推进产业低碳化。加快低碳化改造和低碳产业园区建设，对积极参与低碳生产、勇于探索低碳技术的企业给予政策支持，鼓励企业提供低碳产品和服务，提高产品竞争力。五是要建立健全全民行动机制，充分发挥政府、企业、社会组织和公众等主体的作用。六是要建立健全宣传推广机制，分群体、分类别加大碳标签宣传力度。七是要建立健全监督管理机制，完善督查制度，引入问责追究制度，加强监督管理体系建设。八是要建立健全共建共享机制，加强组织协调，统一标准规范，加强人才队伍建设，推动碳标签制度的全面运行。

9.1 法律法规机制

碳标签作为一种新生事物，在推行过程中须加强政府在法律法规方面的保障。首先，应当出台专门的法规政策，明确碳标签制度的范围、对象和程序，完善制度推行的硬约束机制。我国《节约能源法》《清洁生产促进法》《可再生能源法》《循环经济促进法》《环境保护法》等法律法规的出台为碳标签制度的建立提供了法律基础，但仍然缺乏一部与碳标签制度直接相关的法律法规。在碳标签制度推行的初期，法律法规的约束与保障不可或缺，且消费者对碳标签产品的选择和偏好很大程度上也会受到碳标签产品合法合规性的影响。因此，有必要推动全国层面碳标签制度立法工作积极开展，对碳标签的标识、产品碳足迹核算、碳标签认证程序及期限等内容作出明确规定，规范和引导碳标签制度的实施。

其次，应当及时制定、修改、完善和废止具体制度，保证与碳标签相关的各项法律、法规、规章和制度得到有效执行。碳标签制度的推行需要政府为各利益相关者创造政策环境、提供政策引导。生态文明建设、美丽中国和“双碳”目标等重大战略部署为我国推进碳标签制度提供了良好的政策环境。然而，我国尚缺乏直接与碳标签制度建设有关的可操作、可执行的政策文件。由于碳标签产品认证以较为成熟的碳足迹核算技术为前提，在碳标签试点的初始阶段，政府应对有参与意愿但资金和技术较为薄弱的试点企业给予一定的财政补贴或财税优惠。除了为试点企业提供政策支持外，还应该对消费者进行政策引导，可以对不同碳排放水平的同类产品采用差额税收标准，进而引导消费者购买低碳产品。

碳足迹核算技术标准缺失是目前我国全面推行碳标签制度的一大挑战，应当着重从碳足迹的核算技术和核算标准两方面规范。从核算技术来看，政府应当发掘更多具备碳足迹核算潜力的第三方专业机构并与其展开合作，提升核算技术能力。同时政府还应当借鉴国外先进经验引进人才、技术等资源。从核算标准来看，全生命周期流程碳足迹核算标准亟须完善。一方面，原材料、生产、运输、使用及培养都应纳入核算范围；另一方面，应当覆盖全行业。现已发布的中国电器电子产品碳足迹评价规范以及 LED 道路照明产品的评价标准仅针对电子节能产品，应当加快制定覆盖更多行业的碳足迹核算标准，加快碳标签制度试点示范。

9.2　责任落实机制

碳标签制度的有效执行离不开责任落实机制。责任落实机制能够借助行政体制机制，避免在上传下达和落地执行环节出现疏漏。

首先，落实各级主体责任。完善属地责任管理制度，加快出台配套方案。碳标签制度建设属于生态环境保护领域，应遵从生态环境保护党政同责、一岗双责和失职追责原则。各级党委和政府应对属地碳标签制度负总责，贯彻执行全国层面碳标签制度及相关标准，制定和落实碳标签制度的本地方目标任务。各级试点地区针对试点推进工作，要建立责任清单制度，对重大项目、重点任务和重要事项要明确进度，按照“谁主管、谁负责”的原则，明确牵头部门和配合部门，注重发挥责任部门的职能作用。进一步建立健全监督机制，完善排查、交办、核查、约谈和专项督查“五步法”工作模式，对各级地方政府推进碳标签制度的方式、内容和认证程序进行细化与补充。

其次，强化目标评价与责任考核。一是要对试点的区域开展目标考评。加快构建以碳标签制度为核心的目标责任体系。各级政府应签订责任书，分解落实目标分工，并定期对碳标签制度建设方案实施情况进行评估，且每年将考核结果向社会公布，作为对领导干部综合考核和评价的重要依据。二是加强考核结果的应用。年度考核结果应作为完善碳标签制度建设的重要参考，在认真总结试点区域做法的同时，结合新形势、新任务、新情况和新问题，进一步创新考核办法，使得考核体系更科学、更灵活，考核引领作用更明显，考核激励更有效。此外，根据考核结果对领导干部进行相应的奖惩任免工作。

9.3 产品认证机制

碳标签产品认证机制是碳标签制度推行的关键环节。一个碳标签产品的面市需要经历生产—认证—投放等过程，碳标签产品的认证和投放环节决定着该产品能否被市场和消费者所接受。因此，碳标签制度的试点工作应当从认证环节和产品投放环节两方面入手，在逐步推动全行业碳标签产品认证的基础上分地区投放产品，有序扩大碳标签产品覆盖市场。

从认证环节来看，应当逐步建立从电子节能产业到纺织等轻工业再到快销产业的认证链。具体原因如下：第一，从企业生产层面来看，全国范围内加贴碳标签的先行企业集中于电子节能产业；从碳足迹标准制定层面来看，我国已通过并发布了中国电器电子产品碳足迹评价规范以及LED道路照明产品的评价标准，针对电子节能产业制定碳足迹核算标准，可行性高。第二，从工业发展实践来看，劳动密集型传统产业目前仍是我国工业产业的支柱，轻纺、服装等产品颇具市场竞争力；从广东省推广碳标签的经验来看，其在电子节能产品认证推广小有成效的基础上，逐步在造纸和纺织业进行推广。因此，在碳标签制度推行的认证环节可以将纺织等轻工业作为第二梯队，充分发挥产业集群优势，促进产业转型升级。第三，从发达国家推行碳标签制度的实践来看，其碳标签建设重点关注快消品、食品等与居民消费息息相关的产品，从而达到引导消费者选择环境友好生活方式的目的。我国在电子节能产品和纺织产品认证两大环节已经积累了广泛经验，下一步应逐步推进快消品的认证，推动碳标签产品面向更广泛的消费者群体。

从投放环节来看，应当遵循“先城市后乡村”“先大型零售超市后小型便利店投放”的原则。具体原因如下：首先，团队调研数据显示，农村消费者与城市消费者对碳标签食品支付意愿存在显著差异，前者低于后者。因此，碳标签产品率先投放在城市地区有利于拓宽消费市场，助力碳标签制度的推行。其次，大型零售超市相较于小型便利店受众范围更广，具有更大的规模优势，将碳标签产品投放在城市地区的大型零售超市便于快速扩大产品认知度。

9.4　企业责任机制

企业是碳标签制度推行的核心主体，落实企业责任机制是碳标签制度推行的市场保障。

首先，推进产业低碳化。加快低碳化改造和低碳产业园区建设，对积极参与低碳生产、勇于探索低碳技术的绿色企业给予支持，鼓励企业提供低碳产品和服务，提高产品竞争力，引导企业实施碳足迹核算，创新低碳技术工艺，推进企业生产服务绿色化，落实生产者责任延伸制度。碳标签制度正在成为政府助推产业转型的有力抓手。一方面，碳标签认证体系一旦建立，对于成功获得产品认证的企业来说将是一种提升市场竞争力的方式，这必然会倒逼企业在产品生产环节中尽可能减少碳排放。另一方面，碳标签认证体系将对那些高消耗、高污染和高排放的粗放型增长企业产生冲击，迫使其转变发展方式。从这个方面来说，碳标签制度是借助市场优胜劣汰的规则推动产业转型升级的手段。

其次，完善企业信息公开机制和行业监督机制。一方面，试点企业应通过企业官方网站等途径依法披露二氧化碳排放水平、执行标准以及相关低碳设施建设和运行情况。同时，企业应对其公开的碳排放信息真实性负责，接受全社会的监督。公开碳排放信息将有利于提升企业形象，履行社会责任。碳标签制度的建立不能仅仅依靠政府的行政力量，应充分发挥行业协会、商会等社会组织在政府和企业之间的联结与沟通作用，强化其对企业参与碳标签制度行为的正向引导，进而形成低碳环保、绿色发展的良好行业秩序。

9.5 全民行动机制

推行碳标签制度不是阶段性、个体性的行动，而是要聚合政府、企业、社会组织和公众等多方面力量，形成全民行动长效机制（如图 9-2）。

第一，政府应当为碳标签产品生产企业提供政策支持和引导，构建有利于低碳创新的营商环境。此外，政府还应积极宣传，引导社会公众，形

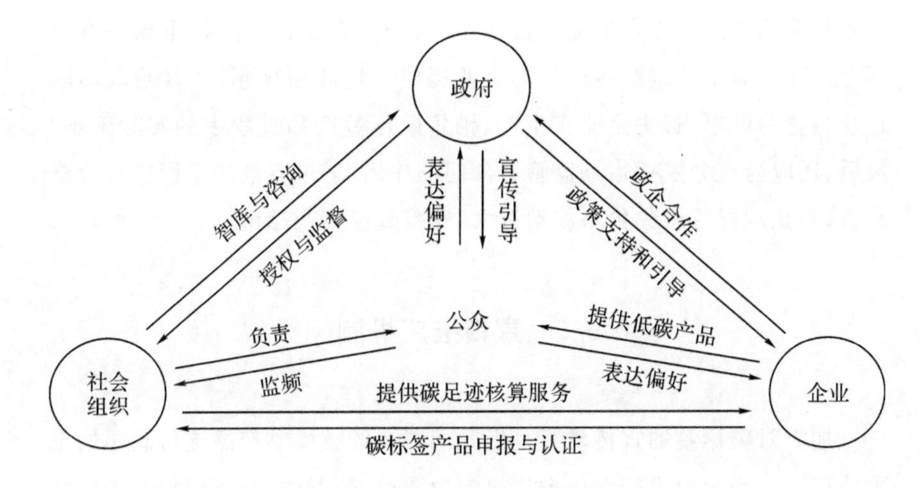

图 9-2　碳标签全民行动机制

成全民参与的良好氛围。

第二,企业应做好生产碳标签产品并进行认证申报的准备工作:一方面应当向公众提供优质的低碳产品;另一方面要规范地进行碳标签产品的申报与认证。

第三,充分发挥行业协会、商会的桥梁纽带作用,为碳标签制度的推行提供专业支持。发挥各类社会组织的监督作用,保障碳标签制度合理平稳运行。

第四,公民要充分表达自身对于购买碳标签产品的真实意愿和需求,这有助于政府和企业更好地作出决策,促进碳标签市场的进一步扩大。

最后,应当建立政府、企业、消费者三者联动的定价机制。定价原则如下:首先在市场调研的基础上明确消费者溢价接受程度,在高价格产品中考虑由企业更多地承担溢价,同时政府给予企业一定扶持,消费者较少地承担溢价,上述三者形成良性循环,进一步扩大碳标签产品消费市场。具体来看,在这一定价机制建立的过程中,政府应当动员各地市场监管部门,首先为企业提供各类产品的市场销售数据和消费者需求分析报告,为企业对碳标签产品的定价提供价格参考，分担企业自行进行市场调查的压力。其次对生产碳标签产品的企业提供一定政策优惠，认真听取不同行业企业的诉求，解决企业在生产、销售碳标签产品过程中的实际困难。最后，还应当充分发挥市场监管等部门的作用，通过有效的手段进行价格监管，防止碳标签产品价格波动过大，规范碳标签产品市场。

9.6 宣传推广机制

加大对碳标签的宣传教育是提升消费者的碳标签产品支付意愿的重要路径。应当大力进行宣传推广机制的建设，分群体、分类别加大碳标签宣传力度，挖掘关键消费群体，培养碳标签潜在市场。同时加大对农村地区消费者的宣传教育。

第一，应当分群体、分类别加大碳标签宣传力度。我们研究表明，33.5%的消费者表示自己从未听说过碳标签，41.6%的消费者表示不经常听到或看到有关碳标签的宣传。从影响机制来看，宣传教育会对碳标签食品支付意愿产生显著影响，且宣传教育可以通过对碳标签的认知、对碳标签的态度等中介变量的传导影响支付意愿。同时，环境意识不能通过对碳标签的认知传导影响支付意愿，可见环境意识高并不意味着对碳标签的认知度也高，这从侧面印证了加强对碳标签宣传教育的重要性。因此，加大对碳标签的宣传教育是提升消费者对碳标签产品支付意愿的重要路径。在具体宣传中，政府应当制定差别化的宣传推广策略：(1)以大学生群体为突破口，充分利用其愿意参与碳标签产品宣传教育活动且支付意愿较高的特点，率先对其精准推广，发挥示范引领作用；(2)注重发掘男性消费者对于特定产品的消费偏好，利用其在低碳消费意识上较强于女性消费者的特点，通过针对性的宣传教育将低碳消费意识转为低碳消费行为，形成碳标签产品新的消费增长点。

第二,加大对农村地区消费者的宣传教育与环境意识培养。我们研究表明,农村消费者与城市消费者对碳标签食品支付意愿存在显著差异。政府应当着力加强农村地区的环保宣传,提升农村消费者的环境意识与碳标签认知度,释放农村市场的消费潜力。此外,月生活费和家庭年收入水平都是影响大学生对碳标签食品支付意愿的显著因素。拒绝对碳标签进行支付的最大原因在于价格水平。可见即使消费者有足够的环境意识与碳标签认知水平,但若自身经济条件较差,仍然不会产生碳标签产品支付行为。因此,逐步提高中低收入者收入水平是推广碳标签产品的关键路径之一。

第三,利用碳标签设计形式搭建起消费者与碳标签信息的桥梁。消费者更偏好于绿色、兼具碳足迹信息与评级方案,且评级方案以红绿灯式展现的碳标签。说服效应理论认为,信息是产生说服效应的最主要因素。而一个清晰醒目的碳标签设计形式是消费者与碳标签之间传递信息的桥梁。因此,在碳标签产品推广过程中,应当优化完善我国碳标签设计方案,更多融入红绿灯式要素,向消费者提供更多直观信息,在最短的时间内产生更多的说服效应,促进购买行为。

9.7　监督管理机制

科学完善的规章制度和管理体系是碳标签制度高效运行的基础,加强监督管理是制度有效推行的重要手段。

第一,完善督查制度,明确各部门工作职责,增强规章制度的执行力。由中央政府牵头,建立碳标签制度责任清单。明确省级政府对本地区碳标签制度落实的责任,落实目标任务,加大资金投入。基层政府承担具体职责,做好监管执法、市场规范、宣传教育等工作。

第二,要健全问责追究制度,以约谈、通报批评、书面检查、公开道歉和责令引咎辞职等方式，对出现重大失误的部门或单位领导予以问责，以达到惩戒的目的。在推行碳标签制度的过程中，要着眼于根本目标——减少碳排放，合理设定约束性和预期性目标，将其纳入国民经济和社会发展规划、城市总体规划以及相关专项规划。同时，各地区可制定符合实际、体现特色的个性化目标。完善碳标签制度的目标考核评价体系，形成对各地工作成绩的倒逼机制。

第三，要加强监督管理体系建设，整合相关部门碳标签制度监管职能、队伍，统一实行监督执法。全面贯彻落实中央对于省级以下生态环境机构监测监察执法垂直管理制度改革的要求。实施“双随机、一公开”环境监管模式，推动跨区域碳标签治理体系和治理能力现代化。

9.8 共建共享机制

共建共享机制讲求全过程、整流程和各环节的有效参与、角色分工和权责担当。

第一，加强组织协调，明确各部门职能分工，实现各环节的有效参与。碳标签认证体系构想如图 9-3 所示。

1. 政府对第三方认证机构进行授权，给予第三方认证机构进行产品碳足迹认证的资格，以此保证碳标签认证流程的权威性与统一性。

2. 企业向第三方认证机构提出认证申请，并提交相关的产品生产信息，如生产原料、配方、工艺、周期、预销售区域等。

3. 第三方认证机构组织专门的市场调研小组，对该产品预销售区域进行市场调研，识别出该区域最受欢迎或销量最高的同类产品，并对其碳足迹进行评价与核算，得到主导产品碳足迹 C_0。由于市场具有动态性，主导产品的碳足迹评估工作需定期或不定期进行，并更新 C_0。

4. 第三方认证机构组织专家，根据企业提供的产品信息以及专家组

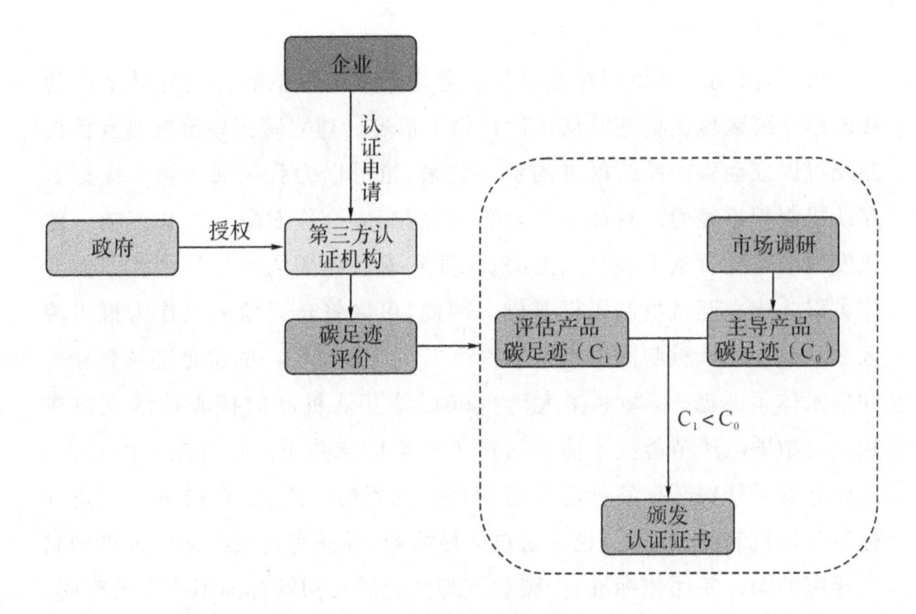

图 9-3　碳标签认证程序构想

实地调研情况进行碳足迹评价与核算，得到产品碳足迹 C_1。

5. 通过比较主导产品碳足迹 C_0 和碳足迹 C_1，决定是否对企业颁发碳标签认证证书。若 C_1 低于 C_0，则说明该企业所生产的产品相较于市场上主导同类产品更加低碳，可以标注碳标签；若 C_1 高于 C_0，则说明该企业所生产的产品相较于市场上主导同类产品并未更加低碳，无法标注碳标签。

第二，统一标准规范，建立健全统一互认的碳标签认证标准规范体系。在这一建设过程中，建立权威的第三方认证机构至关重要。从发达国家认证实践中可以看出，这些国家都建立了统一的第三方碳标签认证机构，如英国的碳标签认证机构主要是英国碳信托公司，它是由英国政府担保成立的独立咨询公司，能够为企业碳测算、减排和碳中和的相关工作提供第三方证明。因此，推进碳标签制度实施的第一步应是建立具有统一性、专业性的第三方碳标签认证机构，且该机构应得到政府的授权，以确保其认证结果的权威性、有效性。

第三，推动跨区域碳标签制度。粤港澳大湾区的碳标签互认实践为我国建立跨区域碳标签互认机制提供了借鉴。建立跨区域碳标签互认机制既可以推动碳产品跨区域的贸易往来，也可以为我国加入世界碳标签互认机制积累经验。具体而言，第一步应确立合作对象。在长三角一体化发展战略的背景下，浙江、上海、江苏和安徽频繁的贸易往来和产业合作可以为建立互认机制提供基础。因此，可以将长三角地区作为推进跨区域碳标签互认机制的试点区域。第二步应建立统一的碳足迹核算标准和技术体系。据悉，粤港澳大湾区碳标签互认机制的核心技术支撑机构——中国电子节能技术协会通过了国家标准委团体标准制定的资质，进而获得了开展碳标签标准认定和评价的资格。因此，在推进长三角碳标签互认机制的过程中，也应通过区域协商、委托有资质的第三方机构制定相应的碳标签团体标准，为碳标签跨区域通行扫除标准不一致的障碍。

第四，共建高水平专业人才队伍，实现人才资源的交流合作也不失为实现共建共享机制的一大路径。需要引育并举，创新人才政策和配套激励措施，在更大范围内为跨域碳标签互认机制的完善提供智力支持。

第10章 总　结

本章阐述全书的主要结论、创新之处和研究展望。首先通过政府、企业和消费者三大视角总结主要研究发现。其次从理论和实践两方面对主要创新点进行了概括。最后围绕加快推进碳标签制度在我国的实施落地提出研究展望。

10.1　主要结论

1. 发达经济体的先进经验为我国建立碳标签制度提供借鉴

(1)在推广主体方面,以非营利组织为主体的自愿型碳标签推动机制优于以政府为主体的强制型推动机制;(2)在认证标准方面,既要参考国际标准以促进认证标准与国际接轨,又要开发符合本国国情的国内标准;(3)在覆盖行业方面,选取生活用品、食品等快消行业作为试点的成本较低,且对消费者行为的影响更为广泛。

2. 各地区开展的相关实践为我国建立碳标签制度提供基础信息

(1)广东、北京、上海、江苏、湖北和浙江等地区低碳发展的实践走在全国前列,但全国碳标签制度建设仍处于起步阶段;(2)碳标签认证行业可重点在电子节能产业、轻工业和快消产业开展,碳标签产品投放场景应遵循“先城市后乡村”“先大型零售超市后小型便利店投放”的原则;(3)政府应为企业提供政策支持,为第三方权威认证机构授权,借助碳信用体系建设契机积极引导公众转变消费理念。

3. 企业作为市场主体，是碳标签制度推行的关键力量

(1)推行碳标签制度有助于企业提高低碳产品的市场竞争力，树立承担社会责任的良好形象，发挥环境规制促进技术创新的带动作用，进而提升企业生产率和企业竞争力。(2)尽管企业开展碳标签的意愿强烈，但实际仍面临诸多挑战，如碳足迹核算标准不统一、低碳产品生产技术不足、低碳产品销售渠道不畅、企业低碳创新缺乏政策激励等。

4. 消费者的消费偏好直接影响企业积极性，进而影响碳标签制度的建立与推广

(1)消费者对碳标签食品的平均支付意愿较高，且随着食品价格水平的上升，消费者对其溢价支付的意愿也随之下降。(2)性别、户籍和收入会对消费者碳标签食品支付意愿产生显著性影响。(3)环境意识、对碳标签的认知、对碳标签的态度和宣传教育均会对消费者支付意愿产生显著正向影响。(4)对碳标签的态度在环境意识提升支付意愿过程中具有中介作用。(5)对碳标签的认知、态度在宣传教育提升支付意愿过程中具有中介作用，且存在链式中介作用。

5. 亟须构建政府、企业、公众等多元主体协同治理的碳标签制度保障机制

(1)应建立健全法律法规机制、责任落实机制、产品认证机制、企业责任机制、全民行动机制、宣传推广机制、监督管理机制、共建共享机制。(2)形成政府、企业、公众等多元主体协同治理格局，为推动碳达峰碳中和目标实现提供新的制度供给。

10.2 创新之处

10.2.1 理论创新

1. 为碳标签制度研究提供了多元主体共治的理论框架

基于政府、企业、公众间的互动关系,将三大主体融入同一制度分析框架中,从多元主体共治的视角为碳标签制度的建立与推广提供了理论框架,也为我国政府制定碳标签相关政策提供科学依据。

2. 为碳标签制度研究提供了基于国内外案例的比较视角

一方面总结提炼发达国家碳标签制度运行的先进经验与不足之处,另一方面选取国内具有代表性的地区和企业开展低碳实践回顾,从比较分析的视角为碳标签制度落地提供了大量可资借鉴的案例素材。

3. 为碳标签制度研究提供了基于消费者意愿的机制模型

构建消费者对碳标签产品支付意愿的影响机制模型并进行实证检验,通过多种计量方法揭示了特定消费群体对不同碳标签产品的支付意愿,有助于弥补消费者碳标签产品支付意愿定量研究的缺失,为从消费侧厘清碳标签产品的市场需求提供重要信息。

10.2.2 实践创新

1. 为政府提供新的减排政策工具

通过企业和消费者的态度和偏好分析,揭示了碳标签制度孕育的巨大减排潜力。启示政府应将碳标签作为新的减排政策工具,纳入市场型环境规制体系,形成"消费者偏好—企业生产—节能减排"的良性传导,助力碳达峰碳中和目标实现。

2. 为企业提供低碳生产决策参考

政府的碳标签制度实践、企业的低碳生产实践和消费者的支付意愿等相关信息，将为企业解决是否研发碳标签产品、采取何种方式进行生产及是否寻求政府帮助等关键问题提供决策参考，倡导企业积极承担节能减排的社会责任，树立良好的企业形象。

3. 为公众了解碳标签制度提供信息

通过碳标签概念内涵阐释，国内外政府、社会组织和企业低碳实践案例分析，以及消费者碳标签产品支付意愿调查，生动勾勒出碳标签制度的应用场景与广阔前景，有助于提升公众对碳标签制度的认知水平，为形成公众参与的治理格局奠定基础。

4. 为应对贸易壁垒提供解决方案

2023 年 4 月 18 日，欧洲议会投票通过碳边境调节机制（CBAM）草案的修正案，CBAM 将于 2026 年生效，拟对建材、钢铁等碳排放密集产品征税，届时将对中国出口商品产生明显冲击。推动建立具有权威性、与国际标准接轨的碳标签制度，可以为我国应对 CBAM 等贸易壁垒提供解决方案。

10.3 研究展望

本书介绍和梳理了碳标签制度建设过程中政府、企业、消费者和社会组织等主体的具体实践，未来研究可以进一步聚焦各主体在碳标签制度建立和推行过程中的意愿、需求、障碍和挑战。对于碳标签制度中政府主体的研究，应关注哪些地区有更好的碳标签制度基础，这些地区是否具备足够的条件，以及如何形成跨区域的碳标签互认机制；对于碳标签制度中企业主体的研究，应关注哪些企业更愿意参与碳标签产品研发，碳标签制度是否能够帮助外贸型企业打破国际低碳贸易壁垒，以及企业进行碳标签认证将会产生哪些成本；对于碳标签制度中消费者主体的研究，不仅要进行更加深入的碳标签产品支付意愿理论研究，更要结合案例进行追踪调查，以探寻消费者的真实态度与实际行动；对于碳标签制度中社会组织主体的研究，应关注这些社会组织对碳标签的认知情况，独立开展第三方认证核查有哪些技术障碍。

当前，我国正处于深入推进“双碳”目标、建设人与自然和谐共生现代化的关键时期，社会各界对碳标签等低碳转型政策工具关注度极高。面对欧盟 CBAM 等国际碳关税可能带来的冲击，我们需要对碳标签制度的各个环节做好充分准备，将学术探索与试点实践相结合，为碳标签制度早日全面推行提供参考和借鉴。